中等职业技术学校电工电子类专业教材

电动机继电控制线路的安装与检修

DIANDONGJI JIDIAN KONGZHI XIANLU DE ANZHUANG YU JIANXIU

主　编／余　伟

副主编／周玉兰　周　超

　　　　刘双燕　方雨文

西南交通大学出版社

·成　都·

图书在版编目（CIP）数据

电动机继电控制线路的安装与检修 / 余伟主编. 一成都：西南交通大学出版社，2015.7（2021.7 重印）
中等职业技术学校电工电子类专业教材
ISBN 978-7-5643-3830-5

Ⅰ. ①电… Ⅱ. ①余… Ⅲ. ①电动机－控制电路－安装－中等专业学校－教材②电动机－控制电路－检修－中等专业学校－教材 Ⅳ. ①TM320.12

中国版本图书馆 CIP 数据核字（2015）第 061477 号

中等职业技术学校电工电子类专业教材

电动机继电控制线路的安装与检修

主编　余伟

责任编辑	孟苏成
助理编辑	张少华
封面设计	墨创文化
出版发行	西南交通大学出版社 （四川省成都市金牛区交大路 146 号）
发行部电话	028-87600564　028-87600533
邮政编码	610031
网址	http://www.xnjdcbs.com
印刷	四川森林印务有限责任公司
成品尺寸	185 mm × 260 mm
印张	10.25
插页	1
字数	308 千
版次	2015 年 7 月第 1 版
印次	2021 年 7 月第 2 次
书号	ISBN 978-7-5643-3830-5
定价	28.50 元

课件咨询电话：028-81435775
图书如有印装质量问题　本社负责退换

中等职业技术学校电工电子类专业教材

编 委 会

前　言

本书是根据国家人力资源和社会保障部颁发的全国中等职业技术学校电工类专业教学计划与教学大纲编写的。为适应电力拖动新技术的发展要求，满足中等职业技术学校实际教学的需要，作者在总结使用以往教材的经验和不足的基础上，围绕教学大纲中规定的任务、内容、教学目标和要求，根据本专业的特点和学生的认知规律，遵循理论服务于技能、突出技能操作训练的原则，编写了本书。本书在结构上注意了内容的前后衔接，在项目与项目之间、任务与任务之间也注意了内容的系统性、连贯性、条理性和完整性；在内容的选择上，进行了精心细致的筛选和整合，删掉了一些文字叙述偏多偏烦琐、难懂难记而且不是很重要的内容，保证重点，淡化难点，同时避免内容的重复现象。主要特点是：

1. 整合了“电器学”、“电机学”、“电力拖动基础”及“电气自动化控制”等经典课程的基础性教学内容，使原来分散在 4 门课程中的内容融会贯通，紧密配合，成为有机联系的知识体系，避免简单的拼凑，同时反映了当代科学技术的最新成果和发现。

2. 教材内容表现形式灵活多变，增强了教材的趣味性和可读性，使教材富有亲和力。内容力求叙述精炼，条理清楚，详略得当，用语严谨规范。

3. 删除了一些过时和复杂且在实际工作中应用较少的内容，使书本内容紧跟新技术的发展方向，富有时代气息。

4. 通过对典型机床控制线路的分析，使元件与系统成为有机联系的知识整体。

5. 实训内容突出实用原则，注意实训内容的可操作性，删去了个别实训条件受限的实训项目。

全书共分为四个项目：项目一为常用低压电器及其识别、检测与维修，主要介绍低压开关、熔断器、主令电器、接触器、继电器等常用电器及其识别与检测、故障与维修；项目二为三相交流电动机的拆装与检修，主要介绍三相交流电动机的结构、工作原理、拆装与检修；项目三为电动机的基本控制线路及其安装与调试，主要介绍电动机的全压启动、降压启动、制动、调速等控制原理；项目四为生产机械的电气控制线路及其安装、调试与维修，主要介绍钻床、车床等设备的电气控制线路。

本书由云南技师学院（云南高级技工学校）余伟老师担任主编，周玉兰、周超、刘双燕、方雨文老师担任副主编，可作为中等职业技术学校、高等职业技术院校电工类专业教学用书，也可供一线电气维修专业人员参考使用。

由于编者水平有限，书中难免存在不妥之处，欢迎各位专家、同仁在使用中将发现的问题及时反馈给我们，并多提宝贵意见和建议！

编　者

2015 年 1 月

前言

目 录

绪 论

各类机械设备的运动都要依靠动力。在电动机问世以前，人类生产多以风、水或蒸汽机作为动力来源。直到 19 世纪 30 年代才出现了直流电动机，俄国物理学家 Б.С.雅科比首次将蓄电动力来源池供电给直流电动机，作为快艇螺旋桨的动力装置，以推动快艇航行。此后，以电动机作为原动机的拖动方式开始被人们所瞩目。到了 19 世纪 80 年代，由于三相交流电传输方便以及结构简单的三相交流异步电动机的发明，使电力拖动得到了飞速发展。

电力拖动又称电气传动，是以电动机作为原动机拖动机械设备运动的一种拖动方式。

随着社会的进步，为提高生产效率和改善产品质量，工业部门对机械设备不断提出更新、更高的技术要求。如要求更宽的速度调节范围、更高的调速精度、能快速地进行可逆运行以及对位置、加速度、张力、转矩等物理量的可控性能等。以蒸汽机、柴油机等作为原动机的拖动装置很难甚至不可能完成以上要求，而应用电力拖动则能很好地满足上述技术要求。由于电力在生产、传输、分配、使用和控制等方面的优越性，使电力拖动获得了广泛应用，目前电力拖动被广泛用于冶金、石油、交通、纺织、机械、煤炭、轻工、国防和农业生产等部门，在国民经济中占有重要地位，是社会生产中不可缺少的一种传动方式。

一、电力拖动系统的组成

电力拖动系统作为机械设备的一部分，一般由四个子系统组成。

1. 电源

电源是电动机和控制设备的能源，分为交流电源和直流电源。

2. 电动机

电动机是生产机械的原动机，其作用是将电能转换成机械能。电动机可分为交流电动机和直流电动机。

3. 控制设备

控制设备用来控制电动机的运转，由各种控制电动机、电器、自动化元件及工业控制计算机等组成。自动控制装置通过对电动机启动、制动、转速、转矩的控制以及对某些物理参量按一定规律变化的控制等，可实现对机械设备的自动化控制。

4. 传动机构

传动机构是在电动机与生产机械的工作机构之间传递动力的装置，如减速箱、联轴器、传动带等。

二、电力拖动的特点

1. 方便、经济

电能的生产、变换、传输都比较方便、经济，分配、检测和使用也比较方便。

2. 效率高

使用电动机的设备体积比其他动力装置小，并且没有汽、油等对环境的污染，控制方便，运行性能好，传动效率高，可节省能源等。电力拖动比蒸汽、压缩空气的拖动效率更高，且传动机构也更简单。

3. 调节性能好

电动机的类型很多，具有各种运行特性，可适应不同生产机械的需要，且电力拖动系统的启动、制动、调速、反转等控制简单、迅速，能实现较理想的控制目的。

4. 易于实现生产过程的自动化

由于电力拖动可以实现远距离控制与自动调节，且各种非电物理量（如位移、速度、温度等）都可以通过传感器转变为电物理量作用于拖动系统，因此能实现生产过程的自动化。

三、电力拖动的控制方式

电力拖动的控制方式分为断续控制方式和连续控制方式等。

（1）最早产生的是由手动控制电器进而控制电动机运转的手动断续控制方式。随后发展了继电器、接触器和主令电器等组成的继电接触式有触点断续控制方式。

（2）目前电力拖动的控制已发展到顺序控制、可编程无触点连续控制、采样控制等多种控制方式。

四、电力拖动的分类

按电动机供电种类区分，有直流电力拖动系统和交流电力拖动系统两种，其中交流电力拖动系统有交流双速电动机、交流调压调速系统及变频变压调速系统；直流电力拖动系统又分为可控硅励磁系统和可控硅直接供电系统。

早期的生产机械如通用机床、风机、泵等不要求调速或调速要求不高的，以电磁式电器组成的简单交、直流电力拖动即可以满足。随着工业技术的发展，对电力拖动的静态与动态控制性能都有了较高的要求，具有反馈控制的直流电力拖动以其优越的性能曾一度占据了可调速与可逆电力拖动的绝大部分应用场合。自 20 世纪 20 年代以来，可调速直流电力拖动较多采用的是直流发电机-电动机系统，并以电机扩大机、磁放大器作为其控制元件。电力电子器件发明后，以电子元件控制、由可控整流器供电的直流电力拖动系统逐渐取代了直流发电机-电动机系统，并发展到采用数字电路控制的电力拖动系统。这种电力拖动系统具有精密调速和动态响应快等性能。这种以弱电控制强电的技术是现代电力拖动的重要特征和发展趋势。

交流电动机没有机械式整流子，结构简单、使用可靠，有良好的节能效果，在功率和转速极限方面都比直流电动机高；但由于交流电力拖动控制性能没有直流电力拖动控制性能好，所以20世纪70年代以前未能在高性能电力拖动中获得广泛应用。随着电力电子器件的发展，自动控制技术的进步，出现了如晶闸管的串级调速、电力电子开关器件组成的变频调速等交流电力拖动系统，使交流电力拖动已能在控制性能方面与直流电力拖动相抗衡和媲美，使其在较大的应用范围内取代了直流电力拖动。

五、电力拖动的发展过程

19世纪末到20世纪初为生产机械电力拖动的初期；继电器接触器控制产生于20世纪20—30年代；20世纪60年代出现了顺序控制器。按电力拖动系统中电动机的组合数量来分，电力拖动的发展过程经历了成组拖动、单电动机拖动和多电动机拖动三个阶段。

（1）19世纪末电动机逐步取代蒸汽机以后，最初采用成组拖动，即由一台电动机拖动传动轴，再由传动轴通过传动带分别拖动多台生产机械。

（2）20世纪20年代开始采用单电动机拖动，即由一台电动机拖动一台生产机械，从而简化了中间传动机构，提高了效率，同时可充分利用电动机的调速性能，易于实现自动化控制。

（3）20世纪30年代以来，随着现代化工业生产的迅速发展，生产机械越来越复杂，出现了一台生产机械中由多台电动机分别拖动不同的运动部件的拖动方式，称为多电动机拖动。

六、本课程的性质、内容、任务和要求

本书是根据我国劳动和社会保障部教材办公室指导下修订的“电动机继电控制线路的安装与检修”课程的教学大纲进行编写的，课程的性质是中等职业技术学校电气维修类专业的一门集理论知识与技能训练于一体的专业课程，是以研究电力拖动控制线路的基本工作原理及其在生产机械上的应用为主的一门学科。主要内容包括：常用低压电器及其选用、安装使用与检测维修；电动机基本控制线路的构成、工作原理及其安装、调试与维修；常用生产机械电气控制线路的原理分析及其安装、调试与维修；变频调速系统的基本知识及其安装、调试与维修。

本课程的任务是使学生掌握与电力拖动相关的理论知识与操作技能，培养学生理论联系实际的学习方法，以及分析解决继电接触式控制系统一般技术问题的能力，以达到国家和企业目前对该专业中、高级工工作岗位的要求。具体要求是：

（1）熟悉常用低压电器的功能、基本结构和工作原理，掌握常用低压电器的选用、安装、使用及检测、调整方法。

（2）掌握电动机基本控制线路的构成、工作原理的分析方法及其安装、调试与维修方法。

（3）掌握常用典型生产机械电气控制线路工作原理的分析方法及其安装、调试与维修方法。

（4）熟悉变频调速系统的基本知识及通用变频器的安装、调试与维护方法。

七、学习本课程应注意的问题

（1）正确处理理论学习与技能训练的关系，在认真学习理论知识的基础上，注意加强技能训练。

（2）密切联系生产实际，在教师的指导下，勤学苦练，注意积累经验，总结规律，逐步培养独立分析和解决实际问题的能力。

（3）学习中注意及时复习相关课程的有关内容。

（4）在技能训练过程中，要注意爱护工具和设备，节约材料，严格执行电工安全操作规程，做到安全、文明生产。

项目一

常用低压电器及其识别、检测与维修

任务一　低压电器的定义、分类和结构

一、低压电器的定义、分类

1. 低压电器的定义

电器是所有电工器械的简称。电器根据外界特定的信号和要求，自动或手动接通和断开电路，断续或连续改变电路参数，实现对电路或非电现象的切换、控制、保护、检测和调节。

低压电器是指额定电压等级在交流 1 200 V、直流 1 500 V 以下的电路中起通断、控制、保护和调节作用的电器，以及利用电能类控制、保护和调节非电过程和非电装置的用电电器。在我国工业控制电路中最常用的三相交流电压等级为 380 V，只有在特定行业环境下才用其他电压等级，如煤矿井下的电钻用 127 V、运输机用 660 V、采煤机用 1 140 V 等。单相交流电压等级最常见的为 220 V，机床、热工仪表和矿井照明等采用 127 V 电压等级，其他电压等级如 6 V、12 V、24 V、36 V 和 42 V 等一般用于安全场所的照明、信号灯以及作为控制电压。直流常用电压等级有 110 V、220 V 和 440 V，主要用于动力；6 V、12 V、24 V 和 36 V 主要用于控制；在电子线路中还有 5 V、9 V 和 15 V 等电压等级。

在工矿企业的电气控制设备中，采用的基本上都是低压电器。低压电器是电气控制中的基本组成元件，控制系统的优劣和低压电器的性能有直接的关系。作为电气工程技术人员，应该熟悉低压电器的结构、工作原理和使用方法。在电气控制系统中需要大量的低压控制电器才能组成一个完整的电动机继电控制系统，因此，熟悉低压电器的基本知识是学习“电动机继电控制线路的安装与检修”课程的基础。

2. 常用低压电器的分类

低压电器种类繁多，功能各样，构造各异，用途广泛，工作原理各不相同，常用低压电器的分类方法也很多。

1）按电器的性能和用途分类

（1）配电电器：主要用于低压配电系统中。要求系统发生故障时能准确动作、可靠工作，在规定条件下具有相应的动稳定性与热稳定性，使电器不会被损坏。常用的配电电器有刀开

关、转换开关、熔断器、断路器等。

（2）控制电器：主要用于电气传动系统中。要求寿命长、体积小、重量轻且动作迅速、准确、可靠。常用的控制电器有接触器、继电器、启动器、主令电器、电磁铁等。

2）按电器的动作性质分类

（1）自动电器：依靠自身参数的变化或外来信号（电信号或非电信号）的变化，自动完成接通或分断等动作，如低压断路器、接触器、继电器等。

（2）手动电器：用手动操作来进行切换的电器，如刀开关、转换开关、按钮等。

3）按电器的触点类型分类

（1）有触点电器：利用触点的接通和分断来切换电路，如接触器、刀开关、按钮等。

（2）无触点电器：无可分离的触点。主要利用电子元件的开关效应，即导通和截止来实现电路的通、断控制，如接近开关、霍尔开关、电子式时间继电器、固态继电器等。

4）按电器的控制作用分类

（1）执行电器：用来完成某种动作或操纵牵引的机械装置，如电磁铁等。

（2）控制电器：控制电路的通断，如开关、控制继电器等。

（3）主令电器：用来发出指令以控制其他自动电器的动作，如按钮等。

（4）保护电器：保护电源与用电设备，使他们不会在短路与过载状态下运行，以免遭受损坏，如熔断器、热继电器等。

5）按电器的工作原理分类

（1）电磁式电器：根据电磁感应原理动作的电器，如接触器、继电器、电磁铁等。

（2）非电量控制电器：依靠外力或非电量信号（如速度、压力、温度等）的变化而动作的电器，如转换开关、行程开关、速度继电器、压力继电器、温度继电器等。

6）机械行业标准规定分类

为了便于了解文字符号和各种低压电器的特点，我国《国产低压电器产品型号编制办法》（JB 2930—81.10）中规定了统一的分类方法，将低压电器分为13个大类。每个大类用一位汉语拼音字母作为该产品型号的首字母，第二位汉语拼音字母表示该类电器的各种形式。

（1）刀开关H，例如HS为双投式刀开关（刀型转换开关），HZ为组合开关。

（2）熔断器R，例如RC为瓷插式熔断器，RM为密封式熔断器。

（3）断路器D，例如DW为万能式断路器，DZ为塑壳式断路器。

（4）控制器K，例如KT为凸轮控制器，KG为鼓型控制器。

（5）接触器C，例如CJ为交流接触器，CZ为直流接触器。

（6）启动器Q，例如QJ为自耦变压器降压启动器，QX为星三角启动器。

（7）控制继电器J，例如JR为热继电器，JS为时间继电器。

（8）主令电器L，例如LA为按钮，LX为行程开关。

（9）电阻器Z，例如ZG为管型电阻器，ZT为铸铁电阻器。

（10）变阻器B，例如BP为频敏变阻器，BT为启动调速变阻器。

（11）调整器T，例如TD为单相调压器，TS为三相调压器。

（12）电磁铁 M，例如 MY 为液压电磁铁，MZ 为制动电磁铁。

（13）其他 A，例如 AD 为信号灯，AL 为电铃。

二、低压电器的结构

1. 电磁式低压电器的结构

电磁式低压电器的类型很多，从结构上分析其都由两个基本部分组成，即感测部分和执行部分。

1）电磁机构

电磁机构又称为磁路系统，其主要作用是将电磁能转换为机械能并带动触头动作从而接通或断开电路，其结构形式如图 1-1 所示。

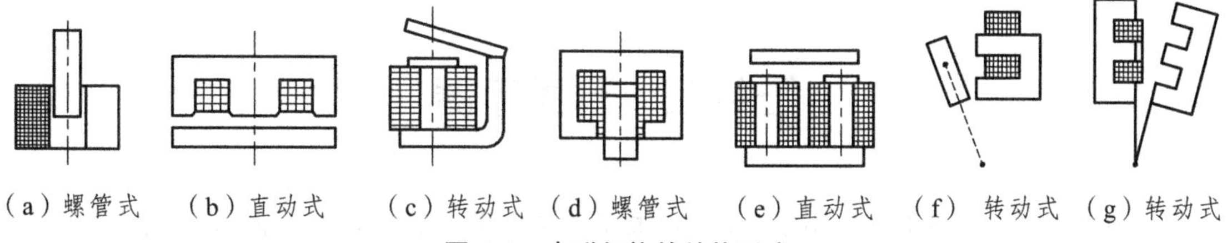

图 1-1　电磁机构的结构形式

2）吸引线圈

吸引线圈的作用是将电能转化为磁场能。按线圈的接线形式分为电压线圈和电流线圈。单相交流电磁机构上短路环的作用是消除振动，如图 1-2 所示。

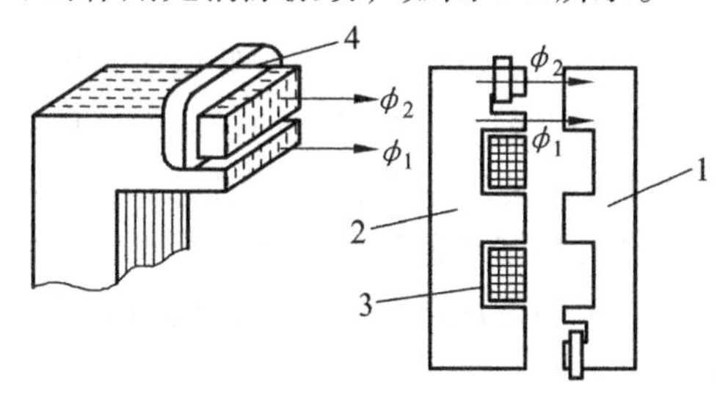

图 1-2　交流电磁铁的短路环

1—衔铁；2—铁心；3—线圈；4—短路环

2. 低压电器的触头系统

触头是有触点电器的执行部分，通过触头的闭合、断开控制电路通、断，其结构形式如图 1-3 所示。

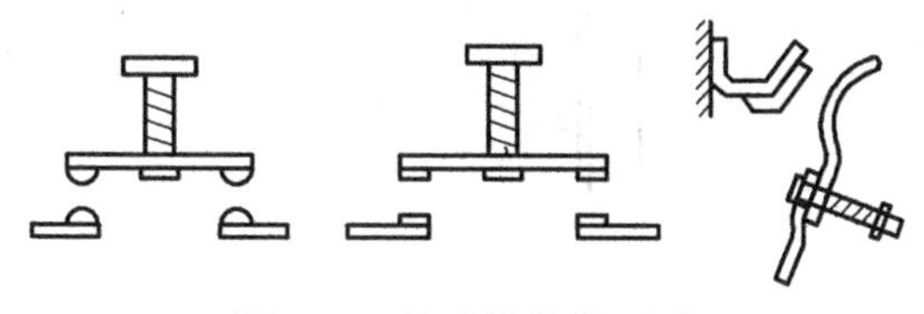

图 1-3　触头的结构形式

触头按接触情况可分为：点触头、面触头、线触头。

触头按动作情况可分为：静触头、动触头、动断（常闭）触头、动合（常开）触头。

触头按结构形式可分为：桥式触头、指形触头。

3. 低压电器的推动机构

推动机构与动触头的连杆相连，以推动动触头动作，如电磁铁等。

4. 低压电器的灭弧装置

低压电器灭弧的基本原则是：降低电弧温度和电弧强度。

低压电器中通常采用吹弧、拉弧、长弧割短弧、多断口灭弧、利用介质灭弧、改善触头表面材料等措施，促使电弧尽快熄灭。

常用灭弧方法有：电动力灭弧，磁吹灭弧，灭弧栅灭弧，灭弧罩灭弧，纵缝灭弧等。

任务二　开关电器

开关电器是在控制电路中用于不频繁地接通或断开电路的开关，或作为机床电路电源的引入开关。

一、刀开关

刀开关是一种手动电器，一般用于不频繁操作的低压电路中，用于接通和切断电源，或用来将电路与电源隔离，有时也用来控制小容量电动机的直接启动与停机，也可用于线路的过载与短路保护。通断电路由触刀完成，过载与短路保护由熔断器完成。20 世纪 70 年代以前常用的瓷底胶盖刀开关和铁壳开关均属于低压负荷开关。小容量的低压负荷开关触头分合速度与手柄操作速度有关；容量较大的低压负荷开关操作机构采用弹簧储能动作原理，触头分合速度与手柄操作速度的快慢无关。

刀开关由触刀（动触点）、静插座（静触点）、操作手柄和绝缘底板等组成，其结构形式如图 1-4 所示。

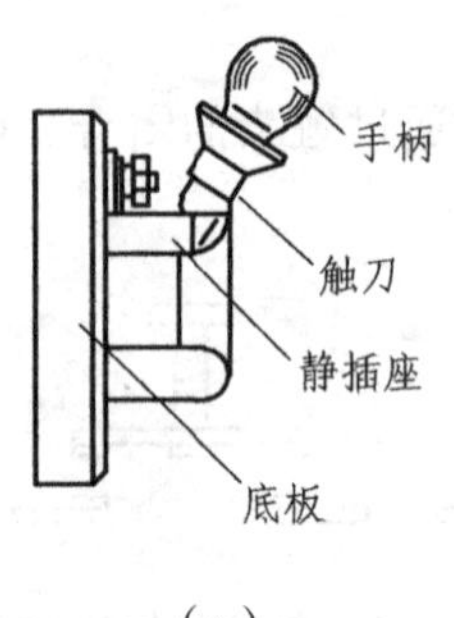

（a）

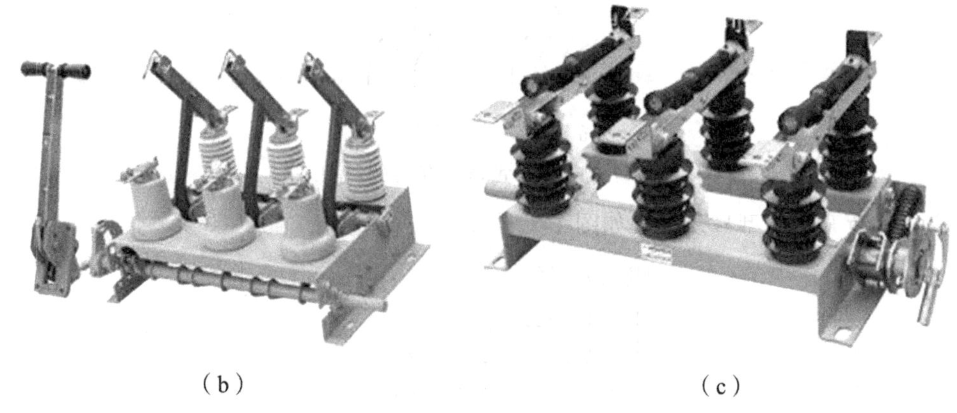

（b）　　　　　　　　　　　　　　（c）

图 1-4　刀开关的结构图

刀开关种类很多：按极数分为单极、双极和三极；按结构分为平板式和条架式；按操作方式分为直接手柄操作式、杠杆操作机构式和电动操作机构式；按转换方向分为单投和双投等。

刀开关一般与熔断器串联使用，以便在短路或过负荷时熔断器熔断而自动切断电路。

刀开关的额定电压通常为 250 V 或 500 V，额定电流在 1 500 A 以下。

刀开关的选用主要考虑回路额定电压、长期工作电流以及短路电流所产生的动热稳定性等因素。刀开关的额定电流应大于其所控制的最大负荷电流。用于直接起停功率为 3 kW 及以下的三相异步电动机时，刀开关的额定电流必须大于电动机额定电流的 3 倍。

1. 开启式负荷开关

1）开启式负荷开关的功能

开启式负荷开关俗称闸刀或瓷底胶盖刀开关。由于它结构简单、价格便宜、使用维修方便，故得到广泛应用。该开关主要用作电气照明电路和电热电路、小容量电动机电路的不频繁控制开关，也可用作分支电路的配电开关。

2）开启式负荷开关的结构、型号与符号

开启式负荷开关由熔丝、触刀、触点座和底座组成，如图 1-5 所示。此种刀开关装有熔丝，具有短路保护作用。

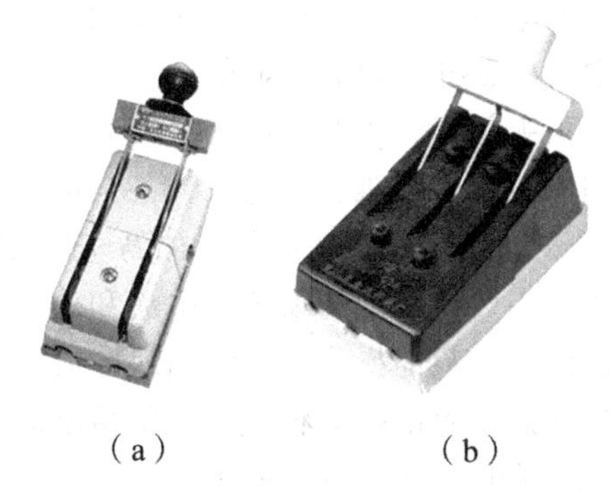

（a）　　　　　　（b）

图 1-5　开启式负荷开关外形图

开启式负荷开关的符号如图 1-6 所示。

（a）三极　　（b）二极

图 1-6　开启式负荷开关的符号

开启式负荷开关的型号及含义如图 1-7 所示。

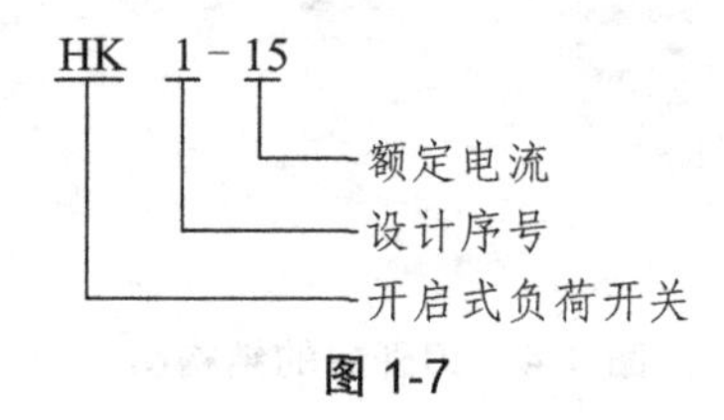

图 1-7

3）开启式负荷开关的分类

开启式负荷开关按极数分为单极、双极和三极等三种。

常用的开启式负荷开关（见图 1-8）有 HD 型单投刀开关、HS 型双投刀开关、HR 型熔断器式刀开关、HK 型闸刀开关等。

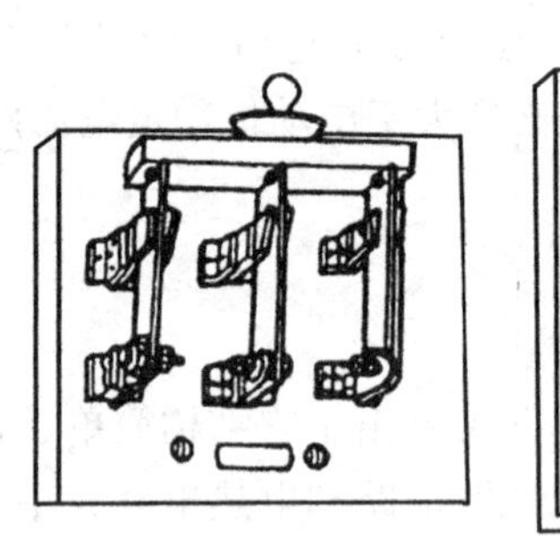

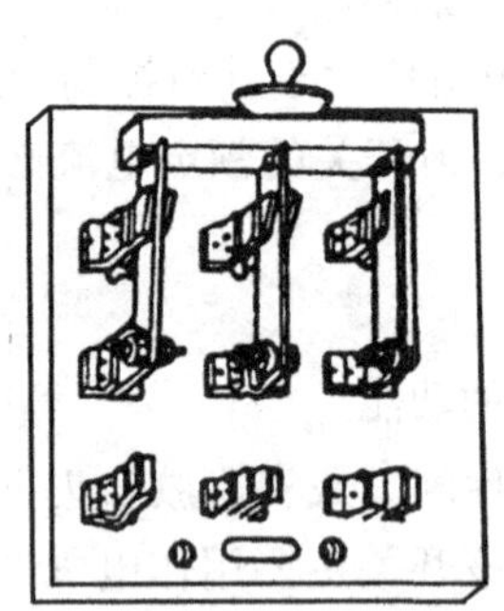

（a）HD 系列刀开关　　（b）HS 系列刀开关

图 1-8　常用的开启式负荷开关

HD 型单投刀开关、HS 型双投刀开关、HR 型熔断器式刀开关主要用于在成套配电装置中作为隔离开关，装有灭弧装置的刀开关也可以控制一定范围内的负荷线路。作为隔离开关的刀开关的容量比较大，其额定电流为 100 ~ 1 500 A，主要用于供配电线路的电源隔离作用。隔离开关的触头全部敞露在空气中，断开时有明显的断开点，有利于检修人员的停电检修工作；隔离开关一般没有专门的灭弧装置，因此不能用来切断负荷电流或短路电流，否则在高压作用下，断开点将产生强烈电弧，并很难自行熄灭，甚至可能造成飞弧（相对地或相间短路），烧损设备，危及人身安全，这就是所谓“带负荷拉隔离开关”的严重事故。只能在没有负荷电流的情况下分、合电路，一般要和能切断负荷电流和故障电流的电器（如熔断器、断路器和负荷开关等电器）一起使用，只能操作空载线路或电流很小的线路，如小型空载变压器、电压互感器等。操作时应注意，停电时应将线路的负荷电流用断路器、负荷开关等开关电器切断后再将隔离开关断开，送电时操作顺序相反。

HD 型单投刀开关的操作方式分为直接手动操作和手柄操作两种。

HS 型双投刀开关也称转换开关，其作用和单投刀开关类似，常用于双电源的切换或双供电线路的切换等。由于双投刀开关具有机械互锁的结构特点，因此可以防止双电源的并联运行和两条供电线路同时供电。

HR 型熔断器式刀开关也称刀熔开关，它实际上是将刀开关和熔断器组合成一体的电器。刀熔开关操作方便，并简化了供电线路，在供配电线路上的应用很广泛，刀熔开关可以切断故障电流，但不能切断正常的工作电流，所以一般应在无正常工作电流的情况下进行操作。

4）负荷开关的选用、安装与使用

（1）负荷开关的额定电压和额定电流应大于普通负载电路的额定电压和额定电流，对于电动机负载，开关的额定电流可按电动机额定电流的 3 倍选取。

（2）安装单投刀闸时，电源线应接在静触点上，负荷线接在与闸刀相连的端子上。对有熔断丝的刀开关，负荷线应接在闸刀下侧熔断丝的另一端，这样拉闸后负荷开关的刀片与电源隔离，以确保刀开关切断电源后闸刀和熔断丝不带电，既便于更换熔丝，又可防止可能发生的意外事故。负荷开关必须垂直安装，不能倒装、斜装、平装，负荷开关合闸状态时手柄要向上，断闸状态时手柄要向下，以避免闸刀松动由于重力自动下落而引起误动合闸。

（3）负荷开关的拉合闸应迅速进行，灭弧装置保护完好，杠杆机构动作灵活，各部位连接可靠，底座要保持清洁。

2. 封闭式负荷开关

1）封闭式负荷开关的功能

封闭式负荷开关俗称铁壳开关，即外面只有铁壳和操作手柄而看不到闸刀和触点的开关。它能够通断负荷电流，熔断器用于切断短路电流。一般用于小型电力排灌、电热器、电气照明线路的配电设备中，主要用于潮湿、多灰尘等工作环境恶劣的场所，可以用于不频繁地接通与分断电路，也可以直接用于小功率异步电动机的非频繁全压启动和分断的控制。

2）封闭式负荷开关的结构、型号与符号

封闭式负荷开关主要由钢板外壳、触刀开关、灭弧栅、操作机构、熔断器等组成。侧面手柄操作，手柄为抽拉式，操作时需拉长，向上扳为合闸，向下扳为分闸，刀开关带有灭弧装置，如图 1-9 所示。

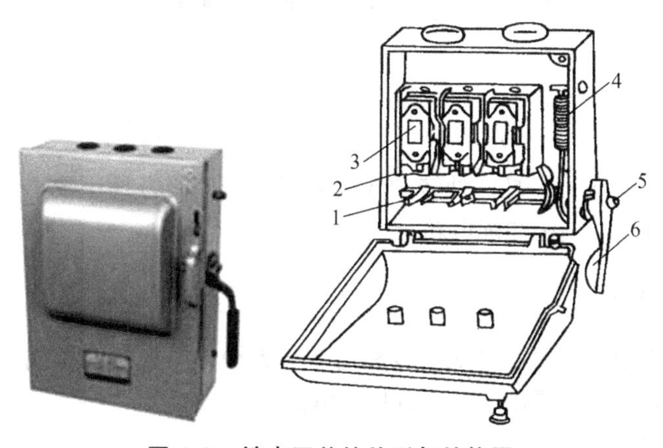

图 1-9　铁壳开关的外形与结构图

1—刀式触头；2—夹座；3—熔断器；4—速快弹簧；5—转轴；6—手柄

铁壳开关的操作结构有两个特点：一是操作机构采用了弹簧储能分、合闸方式，即利用一根弹簧以执行合闸和分闸的功能，它既有助于改善开关的动作性能和灭弧性能，又能防止触点停滞在中间位置。当转动手柄分、合闸时，弹簧被拉长储能。当转动到一定角度时，弹簧释放能量，达到快速通断，加速灭弧的效果。加快了开关的通断速度，使电路能快速通断，使开关的闭合和分断时的速度与手柄的操作速度无关。二是操作机构装有可靠的机械联锁装置，以保证开关合闸后便不能打开箱盖，而在箱盖打开后，手柄不能合闸，起到安全保护作用。

封闭式负荷开关的型号及含义如图 1-10 所示。

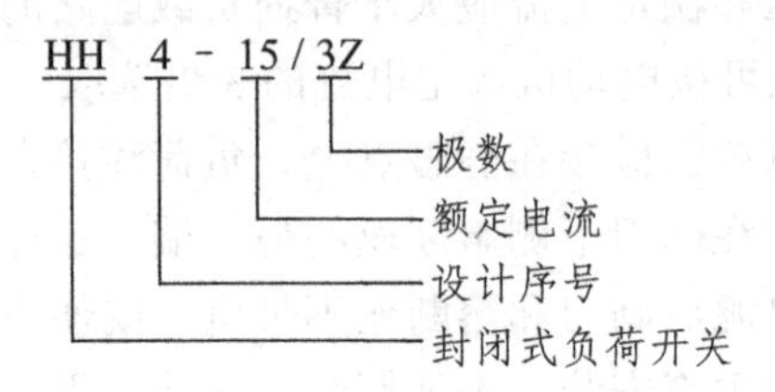

图 1-10

封闭式负荷开关的图形符号如图 1-11 所示。

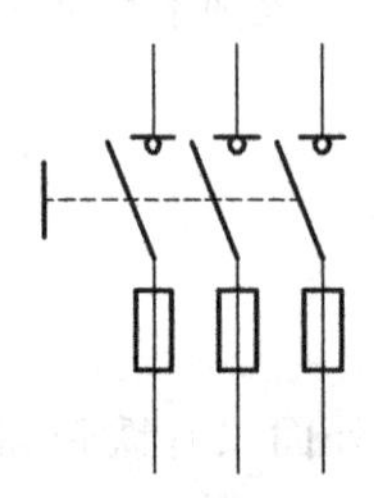

图 1-11　封闭式负荷开关的图形符号

3）**封闭式负荷开关的使用**

铁壳开关安装与使用时外壳应可靠接地。

封闭式负荷开关是可以带负荷分断的，有自灭弧功能和过载保护功能，而隔离开关一般不具备灭弧功能和保护功能。送电操作时，应先合隔离开关，后合断路器或负荷类开关；断电操作时，先断开断路器或负荷类开关，后断开隔离开关。

当负荷开关用作隔离开关时，其图形符号上加有一横杠。

二、组合开关

组合开关又称转换开关，是一种转动式的刀开关，控制容量比较小，结构紧凑，常用于空间比较狭小的场所，如机床和配电箱等。

1. 组合开关的功能

组合开关一般用于电气设备及照明线路的非频繁操作、换接电源或负载以及控制小容量感应电动机和小型电器，主要用于接通或切断电路。

功能应用举例如下：

（1）电力拖动线路中小型电动机的电源开关，如图 1-12 所示。

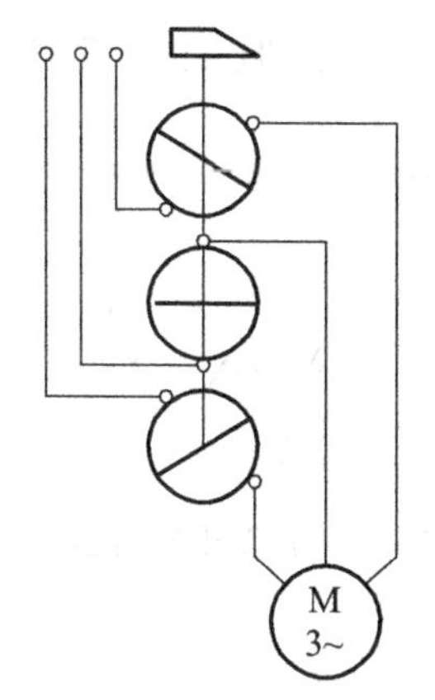

图 1-12　组合开关的应用

（2）刮水器开关（高速、低速、间歇、关闭），转向开关（左右转向变道），变光开关（远光、近光、超车），洗涤按钮开关、喇叭按钮开关。

2. 组合开关的结构、原理、型号与符号

组合开关由动触头、静触头、绝缘连杆转轴、手柄、定位机构及外壳等部分组成，如图 1-13 所示。组合开关有若干个动触片和静触片，分别叠装于数层绝缘件内，静触片固定在绝缘垫板上，动触片装在转轴上，当转动手柄时，每层的动触片随转轴一起转动而变更通、断位置。

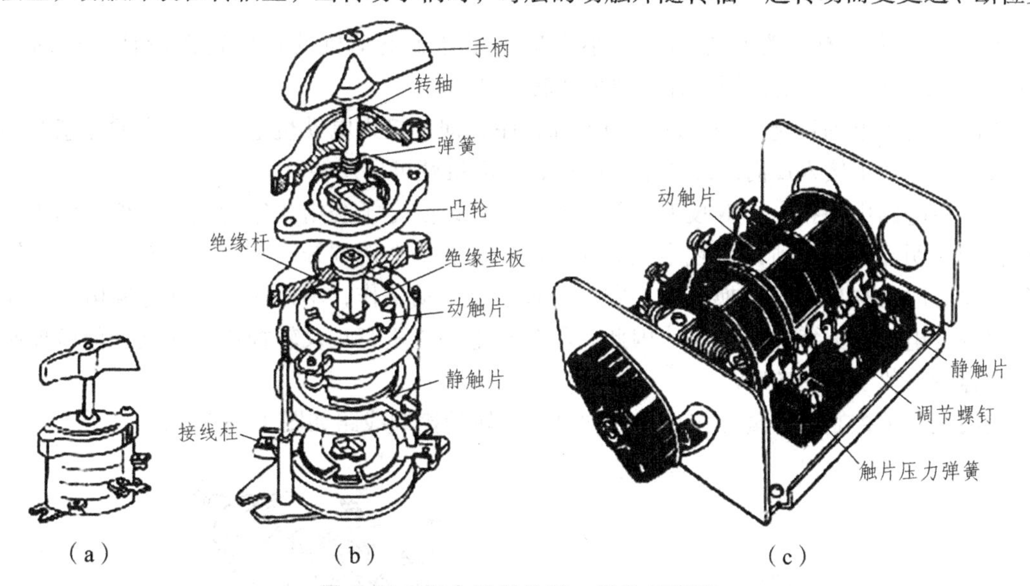

图 1-13　组合开关外形、结构示意图

组合开关的型号及含义如图 1-14 所示。

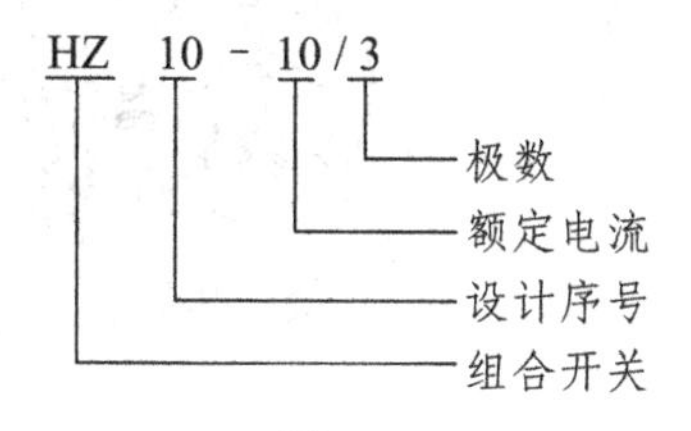

图 1-14

常用的产品有 HZ5、HZ10 和 HZ15 系列。HZ5 系列是类似万能转换开关的产品，其结构与一般转换开关有所不同。

组合开关的图形符号如图 1-15 所示。

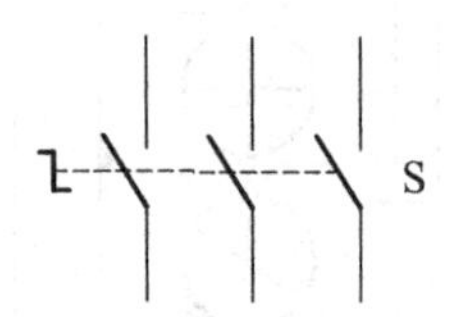

图 1-15 组合开关的图形符号

3. 组合开关的分类

组合开关按极数分有单极、双极、三极、四极等四种，按层数分有三层、六层等。

4. 组合开关的选用

组合开关用于电热、照明电路中，选用组合开关时，其额定电流应等于或大于被控制电路中各负载电流的总和；若控制小容量电动机不频繁的全压启动，应取电动机额定电流的 1.5 ~ 2.5 倍。

5. HZ3-132 型组合开关（倒顺开关）

组合开关中，有一类是专为控制小容量三相异步电动机的正反转而设计生产的，如 HZ3-132 型组合开关，俗称倒顺开关或可逆转换开关。

当改变通入电动机定子绕组的三相电源相序，即把接入电动机电源电线中的任意两相对调接线时，等效于接入反向的旋转牵引磁场，电动机就可以反转。

可以在电路中串接一个双投刀开关来解决上述改变定子绕组相序的问题，但它的正反转操作性能还明显不足。所以实践中我们在电路中安装一个倒顺开关来实现电动机的正反转。倒顺开关有时也称作可逆转换开关。它是一种通过手动操作，不但能接通和分断电源，而且也可以改变电源输入相序的开关。因此它具备对电动机进行正反转控制的功能，但所控制电动机的容量一般要小于 5 kW。

用倒顺开关控制小容量三相异步电动机正反转的控制线路如图 1-16 所示。

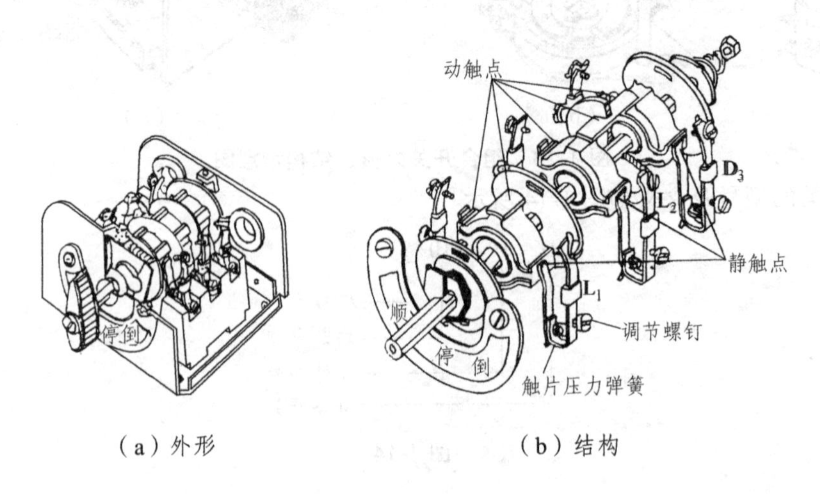

（a）外形　　（b）结构

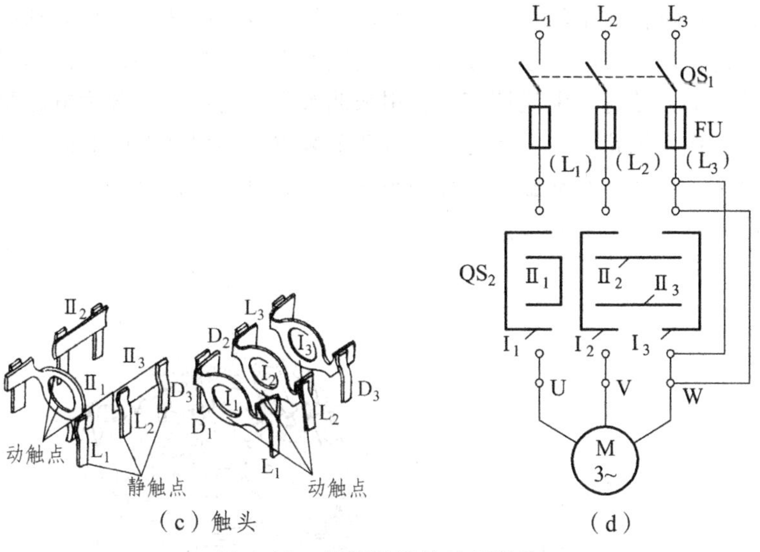

图 1-16　倒顺开关的控制线路

三、低压断路器

1. 低压断路器的功能

低压断路器俗称自动开关或空气开关，用于低压配电电路中不频繁的通断控制，在电路发生短路、过载或欠电压等故障时能自动分断故障电路，是一种控制兼保护电器，是低压配电网络和电力拖动系统中一种非常重要的电器。它具有操作安全、使用方便、工作可靠、安装简单、动作值可调、分断能力较强、兼有多种保护功能、动作后不需要更换元件等优点。

2. 低压断路器的结构、原理、型号与符号

断路器主要由触头系统、灭弧系统、传动机构和脱扣机构四部分组成。脱扣机构包括过电流脱扣器、失压（欠电压）脱扣器、热脱扣器、分励脱扣器和自由脱扣器。

断路器开关是靠操作机构手动或电动合闸的，触头闭合后，自由脱扣机构将触头锁在合闸位置上。当电路发生上述故障时，通过各自的脱扣器使自由脱扣机构动作，自动跳闸以实现保护作用。分励脱扣器则作为远距离控制分断电路之用。

过电流脱扣器用于线路的短路和过电流保护，当线路的电流大于整定的电流值时，过电流脱扣器所产生的电磁力使挂钩脱扣，动触点在弹簧的拉力下迅速断开，实现断路器的跳闸功能。

热脱扣器用于线路的过负荷保护，工作原理和热继电器相同。

失压（欠电压）脱扣器用于失压保护，失压脱扣器的线圈直接接在电源上，处于吸合状态，断路器可以正常合闸；当停电或电压很低时，失压脱扣器的吸力小于弹簧的反力，弹簧使动铁心向上，使挂钩脱扣，实现断路器的跳闸功能。

分励脱扣器用于远方跳闸，当在远方按下按钮时，分励脱扣器得电产生电磁力，使其脱扣跳闸。

以 DZ5-20 型低压断路器为例，其外形及结构如图 1-17 所示。DZ5-20 型低压断路器结构

采用立体布置，操作机构在中间，外壳顶部突出为红色分断按钮和绿色启动按钮，通过储能弹簧连同杠杆机构实现开关的接通和分断；壳内底座上部为热脱扣器，由热元件和双金属片构成，作为过载保护，还有一电流调节盘，用来调节整定电流；下部为电磁脱扣器，由电流线圈和铁心组成，作为短路保护；还有一电流调节装置，用以调节瞬时脱扣整定电流；主触头系统在操作机构的下面，有动触头和静触头各一对，可作为信号指示或控制电路用；主、辅触头接线柱伸出壳外，便于接线。

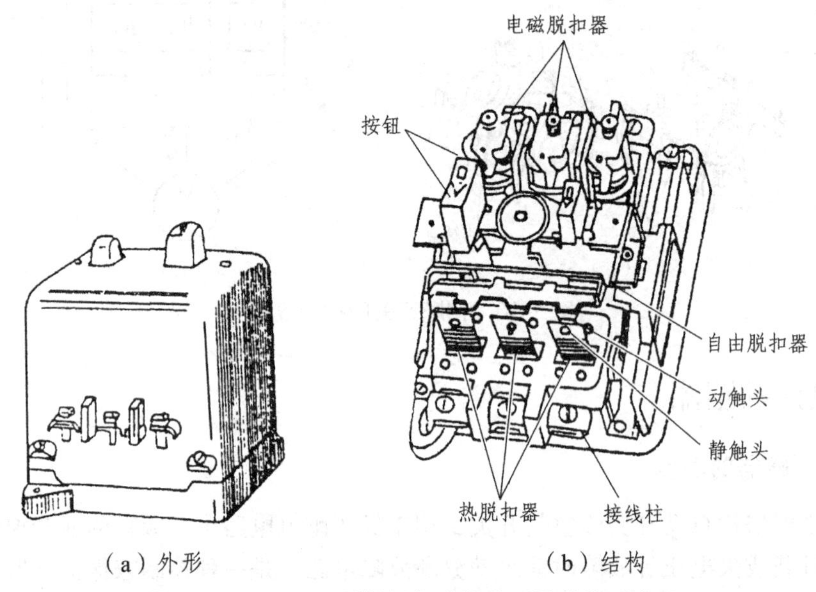

图 1-17　DZ5-20 型低压断路器外形及结构示意图

低压断路器的工作原理如图 1-18 所示。

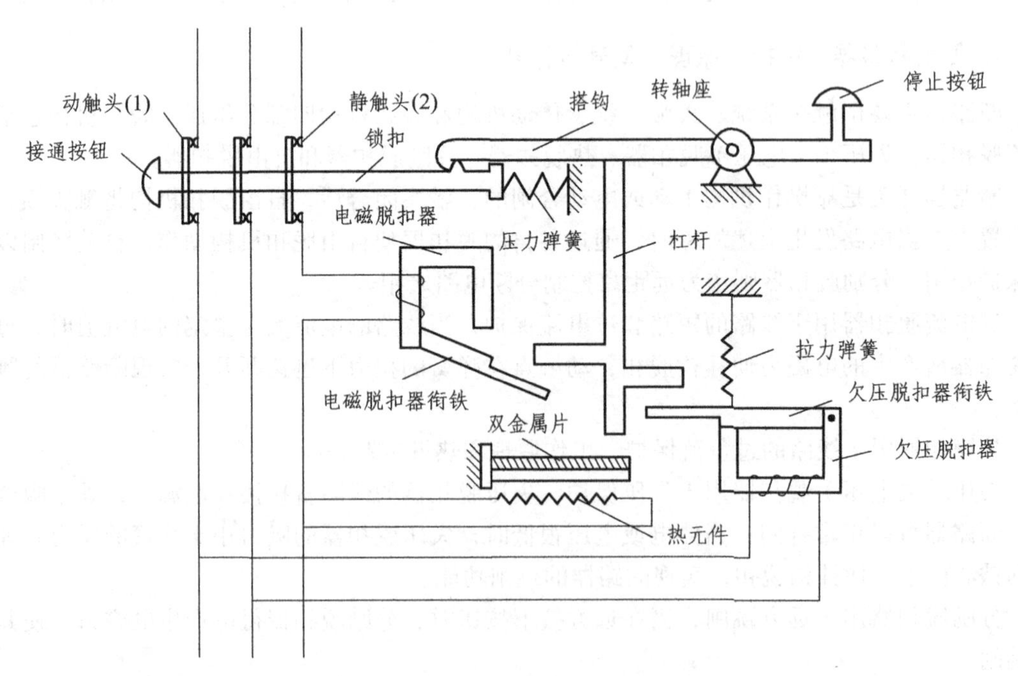

图 1-18　低压断路器的工作原理示意图

图 1-18 中（1）、（2）为低压断路器的三副主触头[（1）为动触头、（2）为静触头]，它们串联在被控制的三相电路中。当按下接通按钮时，外力使锁扣克服反力弹簧的斥力，使固定在锁扣上面的动触头与静触头闭合，并由锁扣锁住搭钩，使开关外于接通状态。

当开关接通电源后，电磁脱扣器、热脱扣器及欠电压脱扣器若无异常反应，开关运行正常。当线路发生短路或严重过电流时，短路电流超过瞬时脱扣整定值，电磁脱扣器产生足够大的吸力，将衔铁吸合并撞击杠杆，搭钩绕转轴座向上转动与锁扣脱开，锁扣在压力弹簧的作用下，将三副主触头分断，切断电源。

当线路发生一般性过载时，过载电流虽不能使电磁脱扣器动作，但能使热元件产生一定的热量，促使双金属片受热向上弯曲，推动杠杆使搭钩与锁扣脱开，将主触头分断。

欠电压脱扣器的工作过程与电磁脱扣器恰恰相反。当线路电压正常时，欠电压脱扣器产生足够的吸力，克服拉力弹簧的作用将欠电压脱扣器衔铁吸合，衔铁与杠杆脱离，锁扣与搭钩才得以锁住，主触头方能闭合。当线路上电压全部消失或电压下降到某一数值时，欠电压脱扣器吸力消失或减小，衔铁被拉力弹簧拉开并撞击杠杆，主电路电源被分断。同理，在无电源电压或电压过低时，低压断路器也不能接通电源。

正常分断电路时，按下停止按钮即可。

低压断路器的型号及含义如图 1-19 所示。

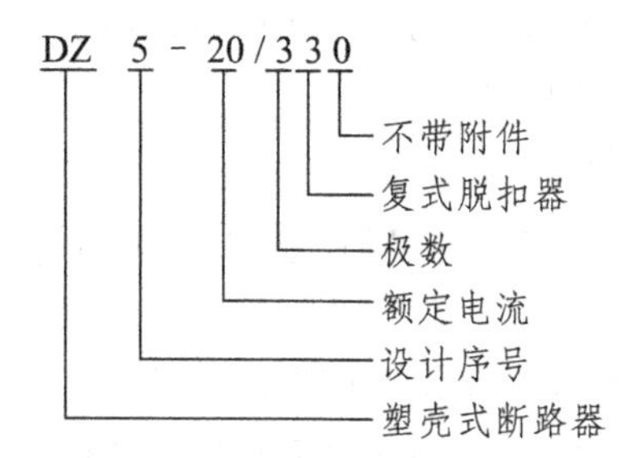

图 1-19

低压断路器的图形符号及文字符号如图 1-20 所示。

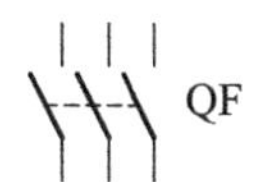

图 1-20 断路器的符号

3. 低压断路器的分类

（1）按级数分为：单极、双极和三极。

（2）按保护形式分为：电磁脱扣器式、热脱扣器式、复式脱扣器式和无脱扣器式。

（3）按分断时间分为：一般式和快速式（先于脱扣机构动作，脱扣时间在 0.02 s 以内）。

（4）按其用途和结构形式分为：DZ 型塑料外壳式（又称装置式）、DW 型框架式（又称万能式）、DWX 型、DWZ 型限流式、DS 型直流快速式、灭磁式和漏电保护式。框架式断路器主要用作配电线路的保护开关，而塑料外壳式断路器除可用作配电线路的保护开关外，还可用作电动机、照明电路及电热电路的控制开关。

电力拖动与自动控制线路中常用的自动空气开关为塑壳式，如 DZ5 系列和 DZl0 系列。

DZ5 系列为小电流系列，其额定电流为 10 ~ 50 A；DZ10 系列为大电流系列，其额定电流等级有 100 A、250 A 和 600 A 三种。

4. 低压断路器的一般选用原则

不同断路器的保护是不同的，使用时应根据需要选用。

低压断路器的选择应从以下几方面考虑：

（1）断路器类型的选择：应根据使用场合和保护要求来选择。如一般选用塑壳式；短路电流很大时选用限流型；额定电流比较大或有选择性保护要求时选用框架式；控制和保护含有半导体器件的直流电路时应选用直流快速断路器等。

（2）断路器额定电压、额定电流应大于或等于线路、设备的正常工作电压、工作电流。

（3）断路器极限通断能力大于或等于电路最大短路电流。

（4）欠电压脱扣器额定电压等于线路额定电压。

（5）热脱扣器的整定电流等于所控制负载的额定电流。

（6）电磁脱扣器的瞬时脱扣整定电流大于或等于负载电路正常工作时的峰值电流。

对单台电动机来说，瞬时脱扣整定电流 I_z 可按下式计算：

$$I_z \geqslant K \cdot I_{st}$$

式中，K 为安全系数，可取 1.5 ~ 1.7；I_{st} 为电动机的启动电流。

对多台电动机来说，可按下式计算：

$$I \geqslant K(I_{st\max} + \sum I_n)$$

式中，K 取 1.5 ~ 1.7；$I_{st\max}$ 为其中最大容量的一台电动机的启动电流；$\sum I_n$ 为其余电动机额定电流的总和。

DZ5-20 型低压断路器的技术数据如表 1-1 所示。

表 1-1　DZ5-20 型低压断路器技术数据

<table>
<tr><th>型　号</th><th>额定电压/V</th><th>主触头额定电流/A</th><th>极数</th><th>脱扣器型式</th><th>热脱扣器额定电流（括号内为整定电流调节范围）/A</th><th>电磁脱扣器瞬时动作整定值/A</th></tr>
<tr><td>DZ5-20/330
DZ5-20/230</td><td></td><td></td><td>3
2</td><td>复式</td><td rowspan="3">0.15（0.10 ~ 0.15）
0.20（0.15 ~ 0.20）
0.30（0.20 ~ 0.30）
0.45（0.30 ~ 0.45）
0.65（0.45 ~ 0.65）
1（0.65 ~ 1）
1.5（1 ~ 1.5）
2（1.5 ~ 2）
3（2 ~ 3）
4.5（3 ~ 4.5）
6.5（4.5 ~ 6.5）
10（6.5 ~ 10）
15（10 ~ 15）
20（15 ~ 20）</td><td rowspan="3">为电磁脱扣器额定电流的 8 ~ 12 倍（出厂时整定于 10 倍）</td></tr>
<tr><td>DZ5-20/320
DZ5-20/220</td><td>AC 380</td><td rowspan="3">20</td><td>3
2</td><td>电磁式</td></tr>
<tr><td>DZ5-20/310
DZ5-20/210</td><td rowspan="2">DC 220</td><td>3
2</td><td>热脱扣器式</td></tr>
<tr><td>DZ5-20/300
DZ5-20/200</td><td>3
2</td><td colspan="3">无脱扣器式</td></tr>
</table>

5. 断路器的安装

（1）安装时应检查铭牌及标志上的基本技术数据是否符合要求。

（2）检查断路器，并人工操作几次，动作应灵活，确认完好无损，才能进行安装。

（3）断路器一般应垂直安装，使手柄在下方，手柄向上的位置接通电源位置；安装处应无显著冲击和振动。

6. 断路器的使用

（1）要闭合过电压保护断路器，须将手柄朝 ON 箭头方向往上推（或按下绿色启动按钮）；要分断，将手柄朝 OFF 箭头方向往下拉（或按下红色分断按钮）。

（2）断路器的过载、短路、过电压保护特性均由制造厂整定，使用中不能随意拆开调节。

（3）断路器运行一定时期（一般为一个月）后，需要在闭合通电状态下按动试验按钮，检查过电压保护性能是否正常可靠（每按一次试验按钮，断路器均应分断一次），失常时应卸下更换或维修。

7. 漏电保护断路器

漏电保护断路器为近年来推广使用的一种新的防止触电的保护装置，如图 1-21 所示。在电气设备中发生漏电或接地故障而人体尚未触及时，漏电保护装置已切断电源；或者在人体已触及带电体时，漏电保护器能在非常短的时间内切断电源，减轻对人体的危害。

漏电保护断路器（漏电保护开关）是一种电气安全装置。将漏电保护器安装在低压电路中，当发生漏电和触电时，且达到保护器所限定的动作电流值时，就立即在限定的时间内动作，自动断开电源进行保护。

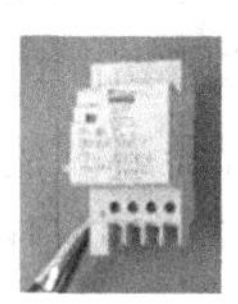
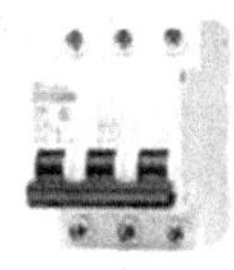

图 1-21　漏电保护开关

漏电保护器按不同方式分类来满足使用的选型。如按动作方式可分为电压动作型和电流动作型；按动作机构分，有开关式和继电器式；按极数和线数分，有单极二线、二极、二极三线等。按动作灵敏度可分为高灵敏度（漏电动作电流在 30 mA 以下）、中灵敏度（30 ~ 1 000 mA）、低灵敏度（1 000 mA 以上）。

DZ47LE-32（63）三相漏电断路器（见图 1-22）适用于交流 50 Hz，额定电压至 380 V，额定电流至 63 A 的线路中，作为人身触电和设备漏电保护之用，有过载和短路保护功能，也可在正常情况下作为线路的不频繁通断之用。

漏电保护器的基本参数如下：

额定电压：220 V、380 V；

额定频率：50 Hz；

额定剩余动作电流：30 mA、50 mA；

额定剩余动作电流下的分断时间：≤0.1 s。

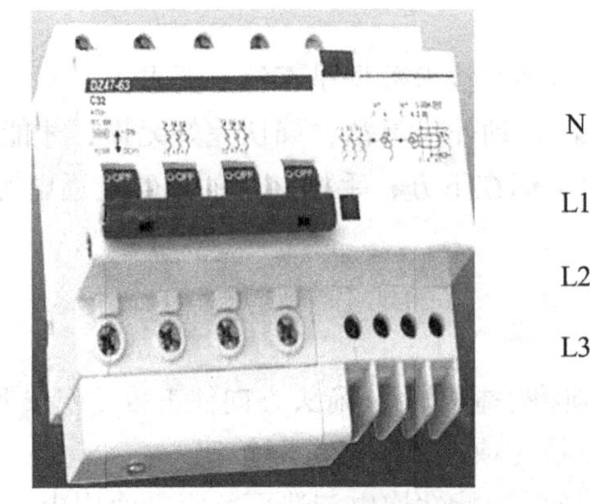

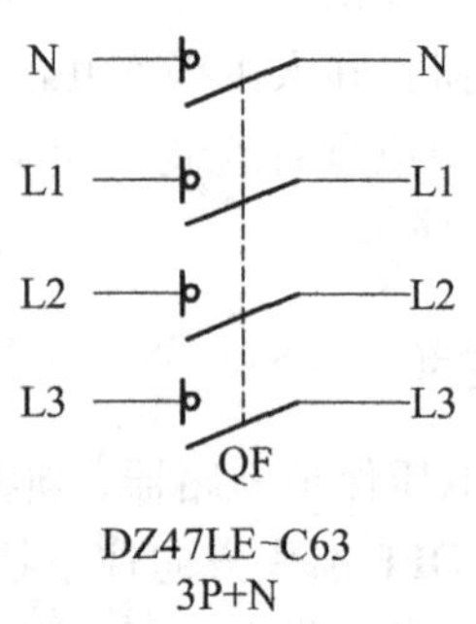

（a）外形图　　（b）接线图

图 1-22　三相漏电断路器外形图与接线图

任务三　熔断器

一、熔断器的功能

熔断器在电路中主要起短路保护作用，用于保护线路。当电路发生故障或异常时，伴随着电流不断升高，并且升高的电流有可能损坏电路中的某些重要器件或贵重器件，也有可能烧毁电路甚至造成火灾。若电路中正确地安置了熔断器，那么，熔断器就会在电流异常升高到一定的高度和一定的时候，以其自身产生的热量使熔体熔断切断电流，从而实现短路保护及过载保护。最早的保险丝于一百多年前由爱迪生发明，由于当时的工业技术不发达，白炽灯很贵重，所以，最初是将它用来保护价格昂贵的白炽灯。常见的低压熔断器如图 1-23 所示。

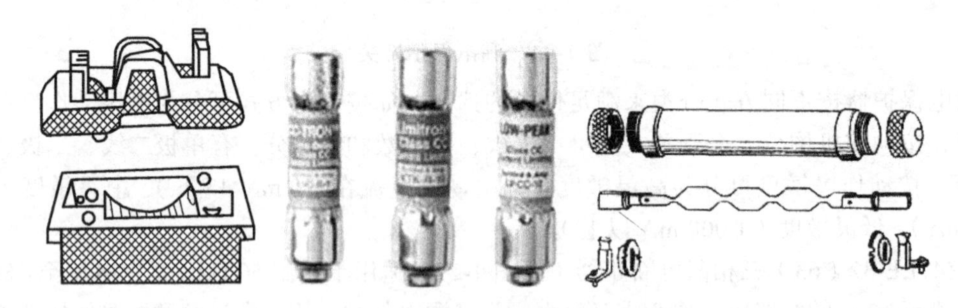

图 1-23　几种常见的低压熔断器

二、熔断器的结构、型号与符号

熔断器主要由熔体和安装熔体的绝缘熔管（绝缘熔座）组成。其中熔体是控制熔断特性的关键元件，熔体的材料、尺寸和形状决定了熔断特性，熔体材料具有相对熔点低、特性稳定、易于熔断的特点；熔体由易熔金属材料铅、锌、锡、铜、银及其合金制成，分为低熔点和高熔点两类，由铅锡合金和锌等低熔点金属制成的熔体，其熔点低容易熔断，由于其电阻率较大，故制成熔体的截面面积较大，熔断时产生的金属蒸气较多，不易灭弧，多用于小电流电路，只适用于低分断能力的熔断器；由铜、银等高熔点金属制成的熔体，其熔点高，不容易熔断，但由于其电阻率较低，可制成比低熔点熔体较小的截面面积，熔断时产生的金属蒸气少，易于灭弧，多用于大电流电路，适用于高分断能力的熔断器；熔体的形状分为丝状、网状和片状等，改变截面的形状可显著改变熔断器的熔断特性。熔断器的结构如图 1-24 所示。

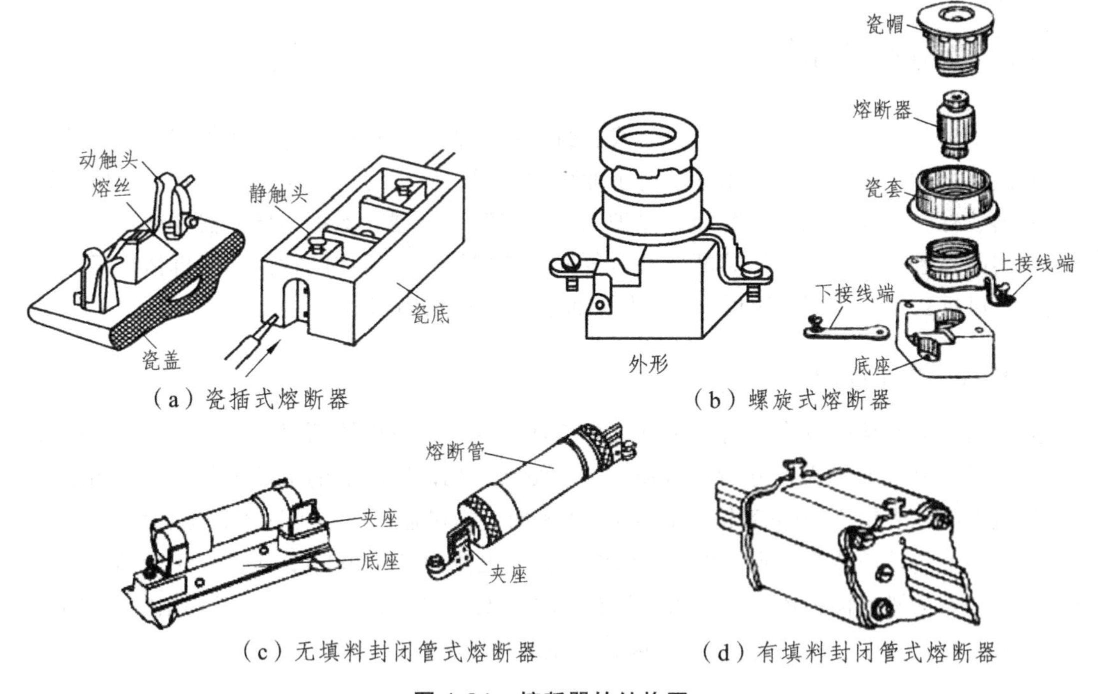

图 1-24　熔断器的结构图

熔断器符号如图 1-25 所示。

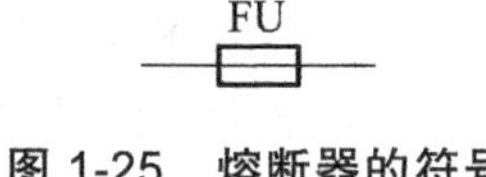

图 1-25　熔断器的符号

熔断器的型号及含义如图 1-26 所示。

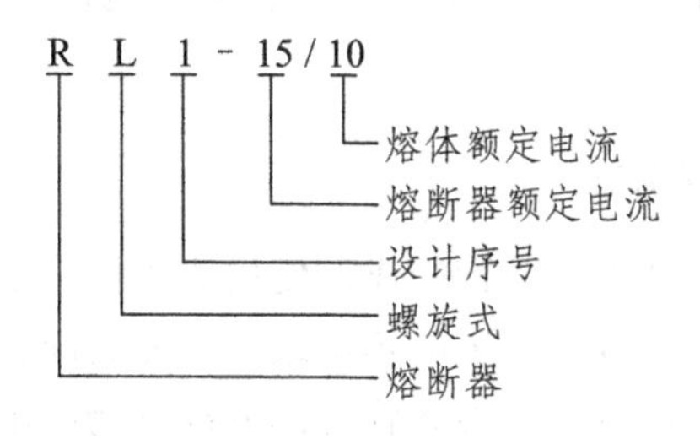

图 1-26

三、熔断器的工作原理

低压熔断器是一种简单而有效的保护电器，它是根据电流的热效应原理工作的。熔断器使用时与被保护电路串联，线路正常工作时熔体如同一根导线，起通路作用；当线路短路或过载时，被保护电路的电流超过规定值，经过一定时间后，由熔体自身产生的热量熔断熔体，使电路断开，从而起到保护线路上其他电器设备的作用。

四、熔断器的分类

按结构形式可分为敞开式、半封闭式、封闭式、管式、喷射式等；按外壳内有无填料可分为有填料式和无填料式；按用途分为工业用熔断器、保护变压器用熔断器和一般电气设备用熔断器、保护电压互感器熔断器、保护电力电容器熔断器、保护半导体器件熔断器、保护电动机熔断器和保护家用电器熔断器及自复式熔断器等；按熔体的替换和装拆情况可分为可拆式和不可拆式；按使用电压可分为高压熔断器和低压熔断器。

1. 螺旋式熔断器 RL

此类熔断器在熔断管中装有石英砂，熔体埋于其中，熔体熔断时，电弧喷向石英砂及其缝隙，可迅速降温而熄灭，分断能力强。为了便于监视，熔断器的上端盖装有熔断指示器，不同的色点颜色表示不同的熔体电流，熔体熔断时，指示器色点马上跳出，示意熔体已熔断，可透过瓷帽上的玻璃孔观察到。螺旋式熔断器额定电流为 5 ~ 200 A，主要用于短路电流大的分支电路或有易燃气体的场所。常用产品有 RL6、RL7 和 RLS2 等系列，其中 RL6 和 RL7 多用于机床配电电路中；RLS2 为快速熔断器，主要用于保护半导体元件。

2. 有填料封闭管式熔断器 RT

有填料管式熔断器是一种有限流作用的熔断器。由填有石英砂的瓷熔管、触点和镀银铜网状熔体组成，石英砂用来冷却和熄灭电弧，熔体为网状，短路时可使电弧分散，由石英砂将电弧冷却熄灭，可将电弧在短路电流达到最大值之前迅速熄灭，以限制短路电流。填料管式熔断器均装在特别的底座上，如带隔离刀闸的底座或以熔断器为隔离刀的底座上，通过手动机构操作。填料管式熔断器为限流式熔断器，额定电流为 50 ~ 1 000 A，主要用于短路电流大的电路或有易燃气体的场所，常用于大容量电力网或配电设备中。常用产品有 RT12、RT14、RT15 和 RS3 等系列。

3. 无填料封闭管式熔断器 RM

无填料管式熔断器的熔管是由纤维物制成，使用的熔体为变截面的锌合金片。由于熔体较窄处的电阻大，在短路电流通过时产生的热量最大，先熔断，因而可产生多个熔断点使电弧分散，以利于灭弧。熔体熔断时，纤维熔管的部分纤维物因电弧燃烧受热而分解，产生高压气体，以便将电弧迅速熄灭。无填料管式熔断器具有结构简单、保护性能好、使用方便等特点，一般均与刀开关组成熔断器刀开关组合使用。

4. 有填料封闭管式快速熔断器 RS

有填料封闭管式快速熔断器是一种快速动作型的熔断器，由熔断管、触点底座、动作指示器和熔体组成。熔体为银质窄截面或网状形式，熔体为一次性使用，不能自行更换。由于其具有快速动作性，一般作为半导体整流元件保护用。

5. 敞开式熔断器

此类熔断器结构简单，熔体完全暴露于空气中，由瓷柱作支撑，没有支座，适于低压户外使用。分断电流时在大气中产生较大的声光。

6. 半封闭式熔断器

此类熔断器的熔体装在瓷架上，插入两端带有金属插座的瓷盒中，用于交流 50 Hz、额定电压 380 V、额定电流 200 A 以下的线路中作短路保护，适于低压户内使用。分断电流时，所产生的声光被瓷盒挡住。常用的产品有 RC1A 系列，主要用于低压分支电路的短路保护，因其分断能力较小，多用于照明电路和小型动力电路中。

7. 管式熔断器

此类熔断器的熔体装在熔断体内。插在支座或直接连在电路上使用。熔断体是两端套有金属帽或带有触刀的完全密封的绝缘管。这种熔断器的绝缘管内若充以石英砂，则分断电流时具有限流作用，可大大提高分断能力，故又称作高分断能力熔断器。若管内抽真空，则称作真空熔断器。若管内充以 SF_6气体，则称作 SF_6熔断器，其目的是改善灭弧性能。由于石英砂、真空和 SF_6气体均具有较好的绝缘性能，这种熔断器不但适用于低压也适用于高压。

8. 喷射式熔断器

此类熔断器是将熔体装在由固体产气材料制成的绝缘管内。固体产气材料可采用电工反白纸板或有机玻璃材料等。当短路电流通过熔体时，熔体随即熔断产生电弧，高温电弧使固体产气材料迅速分解产生大量高压气体，从而将电离的气体带电弧从管子两端喷出，发出极大的声光，并在交流电流过零时熄灭电弧而分断电流。绝缘管通常装在一个绝缘支架上，组成熔断器整体。有时绝缘管上端做成可活动式，在分断电流后随即脱开而跌落，此种喷射式熔断器俗称跌落熔断器。一般适用于电压高于 6 000 V 的户外场合。

此外，熔断器根据分断电流范围还可分为一般用途熔断器、后备熔断器和全范围熔断器。一般用途熔断器的分断电流范围指从过载电流大于额定电流 1.6 ~ 2 倍起，到最大分断电流的范围；这种熔断器主要用于保护电力变压器和一般电气设备。后备熔断器的分断电流范围指从过载电流大于额定电流 4 ~ 7 倍起至最大分断电流的范围;这种熔断器常与接触器串联使用，在过载电流小于额定电流 4 ~ 7 倍的范围时，由接触器来实现分断保护，主要保护电动机。

随着工业发展的需要，还制造出适于各种不同要求的特殊熔断器，如电子熔断器、热熔断器和自复熔断器等。

五、熔断器的安秒（As）特性（反时限特性）

在正常情况下，熔体中通过的电流小于或等于它的额定电流，由于熔体发热的温度尚未到达熔体的熔点，所以熔体不会熔断，当电流增大至某值时，熔体经过一段时间后熔断并熄弧，这段时间称为熔断时间。熔断器具有反时限特性，即熔断器的动作是靠熔体的熔断来实现的，过载电流小时，熔断时间长；过载电流大时，熔断时间短。所以，在一定过载电流范围内，当电流恢复正常时，熔断器不会熔断，可继续使用。对熔体来说，其动作电流和动作时间特性即熔断器的安秒（As）特性，为反时限特性。熔断器有各种不同的熔断特性曲线，可以适用于不同类型保护对象的需要。

每一熔体都有一最小熔化电流。相应于不同的温度，最小熔化电流也不同。虽然该电流受外界环境的影响，但在实际应用中可以不加考虑。一般定义熔体的最小熔断电流与熔体的额定电流之比为最小熔化系数，常用熔体的熔化系数大于 1.25，即额定电流为 10 A 的熔体在电流 12.5 A 以下时不会熔断。熔断电流与熔断时间之间的关系如图 1-27 所示。

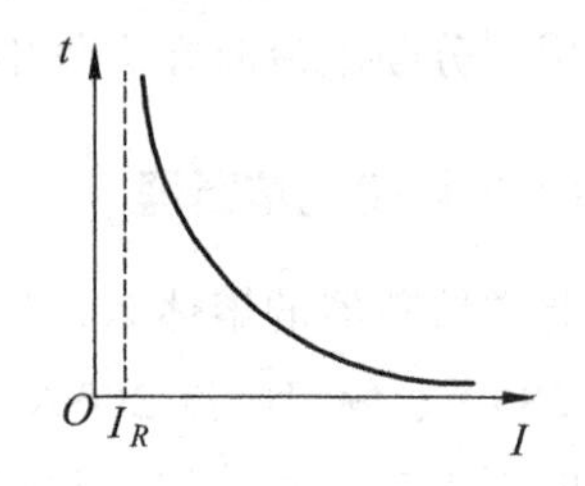

图 1-27　熔断电流与熔断时间关系

当流过熔体的电流达到额定电流的 1.3 ~ 2 倍时，熔体缓慢熔断，当流过熔体的电流达到额定电流的 8 ~ 10 倍时，熔体迅速熔断。电流越大，熔断越快。如表 1-2 所示，表中 I_N 为熔体额定电流，通常取 $2I_N$ 为熔断器的额定电流，其熔断时间约为 30 ~ 40 s。因此熔断器对轻度过载反应比较迟钝，一般只能作短路保护用。

表 1-2　常用熔体的安秒特性

熔体通过的电流	$1.25I_N$	$1.6I_N$	$1.8I_N$	$2.0I_N$	$2.5I_N$	$3I_N$	$4I_N$	$8I_N$
熔断时间/s	∞	3 600	1 200	40	8	4.5	2.5	1

从表中可以看出，熔断器只能起到短路保护作用，不能起过载保护作用。如确需在过载保护中使用，必须降低其使用的额定电流，如 8 A 的熔体用于 10 A 的电路中，作短路保护兼作过载保护用，但此时的过载保护特性并不理想。

六、熔断器的选择

1. 熔体额定电流的选择

由于各种电气设备都具有一定的过载能力，允许在一定条件下较长时间运行；而当负载超过允许值时，就要求保护熔体在一定时间内熔断。还有一些设备启动电流很大，但启动时间很短，所以要求这些设备的保护特性要适应设备运行的需要，要求熔断器在电机启动时不熔断，在短路电流作用下和超过允许过负荷电流时，能可靠熔断，起到保护作用。熔体额定电流选择偏大，负载在短路或长期过负荷时不能及时熔断；选择过小，可能在正常负载电流作用下就会熔断，影响正常运行，为保证设备正常运行，必须根据负载性质合理地选择熔体额定电流。

熔体的额定电流可按以下方法选择：

（1）保护无启动过程的平稳负载如照明线路、电阻、电炉等时，熔体额定电流略大于或等于负荷电路中的额定电流。

（2）保护电动机时，熔体电流可按最大启动电流选取，也可按以下方式选取：

① 保护单台直接启动长期工作的电动机时：

熔体额定电流=(1.5 ~ 2.5)×电动机额定电流

如果电动机频繁启动，式中系数可适当加大至 3 ~ 3.5，具体应根据实际情况而定。

② 保护多台直接启动长期工作的电动机时：

供电干线总保护熔体额定电流

=(1.5 ~ 2.5)×容量最大的单台电动机的额定电流+其余电动机的额定电流之和

③ 保护降压启动电动机时：

熔体额定电流=(1.5 ~ 2)×电动机额定电流

④ 保护绕线式电动机时：

熔体额定电流=(1.2 ~ 1.5)×电动机额定电流

（3）保护配电变压器低压侧时：

熔体额定电流=(1.0 ~ 1.5)×变压器低压侧额定电流

（4）保护并联电容器组时：

熔体额定电流=(1.43 ~ 1.55)×电容器组额定电流

（5）保护电焊机时：

熔体额定电流=(1.5 ~ 2.5)×负荷电流

（6）保护电子整流元件时：

熔体额定电流≥1.57×整流元件额定电流

说明：熔体额定电流的数值范围是为了适应熔体的标准件额定值。熔体额定电流不等于熔断器额定电流，熔体额定电流按被保护设备的负荷电流选择。

2. 熔断器的选择

1）类型选择

主要依据负载的保护特性和短路电流的大小选择熔断器的类型，应根据线路要求、使用场合和安装条件选择。对于容量小的电动机和照明支线，常采用熔断器作为过载及短路保护，因而希望熔体的熔化系数适当小些，通常选用铅锡合金熔体的 RQA 系列熔断器。对于较大容量的电动机和照明干线，则应着重考虑短路保护和分断能力，通常选用具有较高分断能力的 RM10 和 RL1 系列的熔断器；当短路电流很大时，宜采用具有限流作用的 RT0 和 RT12 系列的熔断器。

2）额定电压的选择

熔断器的额定电压应大于或等于线路的工作电压。

3）额定电流的选择

熔断器的额定电流应大于所装熔体的额定电流，与主电器配合确定。

为防止发生越级熔断，扩大事故范围，上、下级（即供电干、支线）线路的熔断器间应有良好配合。选用时，应使上级（供电干线）熔断器的熔体额定电流比下级（供电支线）的大 1 ~ 2 个级差。常用的熔断器有管式熔断器 R1 系列、螺旋式熔断器 RL1 系列、填料封闭式熔断器 RT0 系列及快速熔断器 RS0、RS3 系列等。

七、熔断器的主要技术参数

（1）熔断器的额定电压：指保证熔断器能长期正常工作的电压。

（2）熔断器的额定电流 I_{ge}：指保证熔断器能长期正常工作的电流。

（3）熔体的额定电流 I_{Te}：指长期流过熔体而熔体不会熔断的最大工作电流。

（4）熔体的熔断电流 I_b：指使熔体开始熔断的电流值。

（5）极限分断电流 I_d：指熔断器在额定电压下能分断的最大电流。在电路中出现的最大电流一般是指短路电流值，所以，极限分断能力也反映了熔断器分断短路电流的能力。

上述技术参数的大小关系为：

$$I_d > I_b > I_{ge} > I_{Te}$$

八、熔断器与断路器的区别

熔断器与断路器的相同点是都能实现短路、过载保护。熔断器的原理是利用电流流经导体会使导体发热，达到导体的熔点后导体融化，所以断开电路，保护用电器和线路不被烧坏，它是电流产生的热量的一个累积效应，所以可以实现短路、过载保护。一旦熔体烧毁就要更换熔体。断路器也可以实现线路的短路和过载保护，但原理不同，它是通过电流的磁效应（电磁脱扣器）实现断路保护，通过电流的热效应实现过载保护（不是熔断，多不用更换器件）。具体到实际中，当电路中的用电负荷长时间接近于所用熔断器的负荷时，熔断器会逐渐加热，直至熔断。综上所述，熔断器的熔断是电流和时间共同作用的结果，起到对线路进行保护的作用，是一次性的。而断路器是电路中的电流突然加大，超过断路器的负荷时，会自动断开，是对电路一个瞬间电流加大的保护，例如当漏电很大、短路或瞬间电流很大时的保护。当查明原因，断路器可以合闸继续使用。熔断器的熔断需要一定的时间，而断路器，只要电流一超过其设定值就会跳闸，作用时间几乎可以不用考虑。现在低压配电中常用断路器，也有一部分地方适合用熔断器。

任务四　主令电器

主令电器是在控制电路中以开关接点的通断形式来发布控制命令，使控制电路执行对应的控制任务，而不直接控制主电路的电器设备。主令电器应用广泛，种类繁多，常见的有按钮、行程开关、接近开关、万能转换开关、主令控制器、选择开关、足踏开关等。

一、按　钮

按钮是一种最常用的主令电器，其结构简单，控制方便。在电气自动控制电路中，不直接控制主电路，而是在控制电路中发出手动控制信号控制接触器、继电器、电磁启动器等其他电器。

1. 按钮的功能

利用按钮推动传动机构，使动触点与静触点接通或断开，并实现电路换接，发出改变电力拖动的控制动作的命令，如启动、停止等。

2. 按钮的结构、原理、型号与符号

按钮的基本结构由感测部分和执行部分组成。感测部分包括按钮帽、连杆、复位弹簧，执行部分主要是触头系统。

按钮的结构、符号如图 1-28 所示。

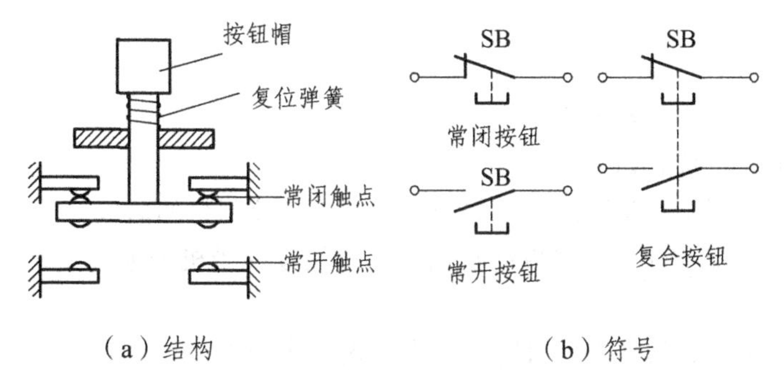

图 1-28 按钮的结构、符号

按钮的型号及含义如图 1-29 所示。

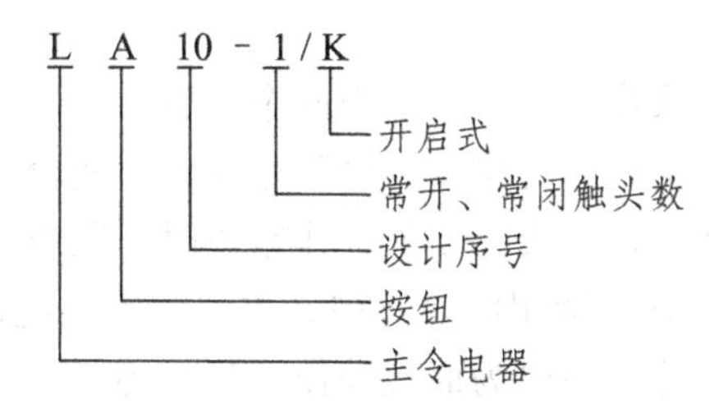

图 1-29

按钮的触点额定电流一般在 5 A 以下，分常闭触点（动断触点）和常开触点（动合触点）两种。常闭触点是按钮未按下时闭合、按下后断开的触点；常开触点是按钮未按下时断开、按下后闭合的触点。按钮按下时，常闭触点先断开，然后常开触点闭合；松开后，依靠复位弹簧使触点恢复到原来的位置。按钮的外形如图 1-30 所示。

图 1-30 按钮的外形图

按钮开关的结构种类很多，可分为普通揿钮式、蘑菇头式、自锁式、自复位式、旋柄式、

带指示灯式、带灯符号式及钥匙式等，有单钮、双钮、三钮及不同组合形式，一般是采用积木式结构，由按钮帽、复位弹簧、桥式触头和外壳等组成，通常做成复合式，有一对常闭触头和常开触头，有的产品可通过多个元件的串联增加触头对数。还有一种自持式按钮，按下后即可自动保持闭合位置，断电后才能打开。

按钮开关可以完成启动、停止、正反转、变速以及互锁等基本控制。通常每一个按钮开关有两对触点。每对触点由一个常开触点和一个常闭触点组成。但按下按钮，两对触点同时动作，两对常闭触点先断开，随后两对常开触电闭合。

为了标明各个按钮的作用，避免误操作，通常将按钮帽做成不同的颜色，以示区别，其颜色有红、绿、黑、黄、蓝、白等，通常红色表示停止按钮，绿色表示启动按钮等。按钮开关的主要参数有型式、安装孔尺寸、触头数量和触头的电流容量等，这些在产品说明书中都有详细说明。常用国产按钮有 LAY3、LAY6、LA20、LA25、LA38、LA101、LA115 等系列。

3. 按钮的分类

1）按操作方式、防护方式分类

常见的按钮类别及特点如下：

（1）开启式：适用于嵌装固定在开关板、控制柜或控制台的面板上，代号为 K。

（2）保护式：带保护外壳，可以防止内部的按钮零件受机械损伤或人触及带电部分，代号为 H。

（3）防水式：带密封的外壳，可防止雨水侵入，代号为 S。

（4）防腐式：能防止化工腐蚀性气体的侵入，代号为 F。

（5）防爆式：能用于含有爆炸性气体与尘埃的地方而不引起传爆，如煤矿等场所，代号为 B。

（6）旋钮式：用手把旋转操作触点，有通断两个位置，一般为面板安装式，代号为 X。

（7）钥匙式：用钥匙插入旋转进行操作，可防止误操作或供专人操作，代号为 Y。

（8）紧急式：有红色大蘑菇钮头突出于外，作紧急时切断电源用，代号为 J 或 M。

（9）自持按钮：按钮内装有自持用电磁机构，主要用于发电厂、变电站或试验设备中，操作人员互通信号及发出指令等，一般为面板操作，代号为 Z。

（10）带灯按钮：按钮内装有信号灯，除用于发布操作命令外，兼作信号指示，多用于控制柜、控制台的面板上，代号为 D。

（11）组合式：多个按钮组合，代号为 E。

（12）联锁式：多个触点互相联锁，代号为 C。

2）按用途和触头的结构分类

（1）常开按钮；

（2）常闭按钮；

（3）复合按钮。

3）按按钮的触点动作方式分类

（1）直动式：直动式按钮的触点动作速度和手按下的速度有关。

（2）微动式：微动式按钮的触点动作变换速度快，和手按下的速度无关。动触点由变形簧片组成，当弯形簧片受压向下运动低于平形簧片时，弯形簧片迅速变形，将平形簧片触点弹向上方，实现触点瞬间动作。小型微动式按钮也叫微动开关，微动开关还可以用于各种继电器和限位开关中，如时间继电器、压力继电器和限位开关等。

4. 按钮的选择

（1）根据使用场合，选择控制按钮的种类，如开启式、防水式、防腐式等。

（2）根据用途，选用合适的型式，如钥匙式、紧急式、带灯式等。

（3）按控制回路的需要，确定不同的按钮数，如单钮、双钮、三钮、多钮等。

（4）按工作状态指示和工作情况的要求，选择按钮及指示灯的颜色。

如表 1-3 所示为按钮颜色的含义。

表 1-3　按钮颜色的含义

颜　色	含　义	举　例
红	处理事故	紧急停机 扑灭燃烧
	“停止”或“断电”	正常停机 停止一台或多台电动机 装置的局部停机 切断一个开关 带有“停止”或“断电”功能的复位
绿	“启动”或“通电”	正常启动 启动一台或多台电动机 装置的局部启动 接通一个开关装置（投入运行）
黄	参与	防止意外情况 参与抑制反常的状态 避免不需要的变化（事故）
蓝	上述颜色未包含的任何指定用意	凡红、黄和绿色未包含的用意，皆可用蓝色
黑、灰、白	无特定用意	除单功能的“停止”或“断电”按钮外的任何功能

通过表 1-3 可知，在通常的运用中：

红色按钮用于“停止”、“断电”或“事故”。

绿色按钮优先用于“启动”或“通电”，但也允许选用黑、白或灰色按钮。

一钮双用的“启动”与“停止”或“通电”与“断电”，即交替按压后改变功能的，不能用红色按钮，也不能用绿色按钮，而应用黑、白或灰色按钮。

按压时运动，抬起时停止运动（如点动、微动），应用黑、白、灰或绿色按钮，最好是黑色按钮，而不能用红色按钮。

用于单一复位功能的，用蓝、黑、白或灰色按钮。

同时有“复位”、“停止”与“断电”功能的用红色按钮。灯光按钮不得用作“事故”按钮。

5. 常见品牌

市场上常见的品牌有：施耐德，西门子，ABB，NKK/日开，上海二工，FUJI/富士，正泰，IDEC/和泉，凯昆，天逸，TEND/天得，德力西，GQELE/高桥，松下，DECA，人民，OMRON/欧姆龙等。

二、位置开关

在许多生产机械中，常需要控制某些机械运动的行程，即某些生产机械的运动位置，例如，生产车间的行车运行到终端位置时需要及时停车，铣床要求工作台在一定距离内能自动往返，以便对工件连续加工，像这种控制生产机械运动行程和位置的方法叫做行程控制，也称限位控制。位置开关是反映生产机械运动部件行进位置，发出命令控制其运行方向、位置（或行程大小）的主令电器。位置开关又称行程开关或限位开关，它的作用是将机械位移转变为电信号，使电动机运行状态发生改变，即按一定行程自动停车、反转、变速或循环，从而控制机械运动或实现安全保护。

1. 行程开关

1）行程开关的功能

行程开关也称为限位开关，它将机械位移变为电信号，以实现对机械运动的电气控制。利用按钮推动传动机构，使动触点与静触点短时接通或断开小电流电路并实现电路换接，发出改变电力拖动的控制动作的命令，如启动、停止等。行程开关用于控制生产机械的运动方向、速度、行程大小或位置等。常用的行程开关如图 1-31 所示。

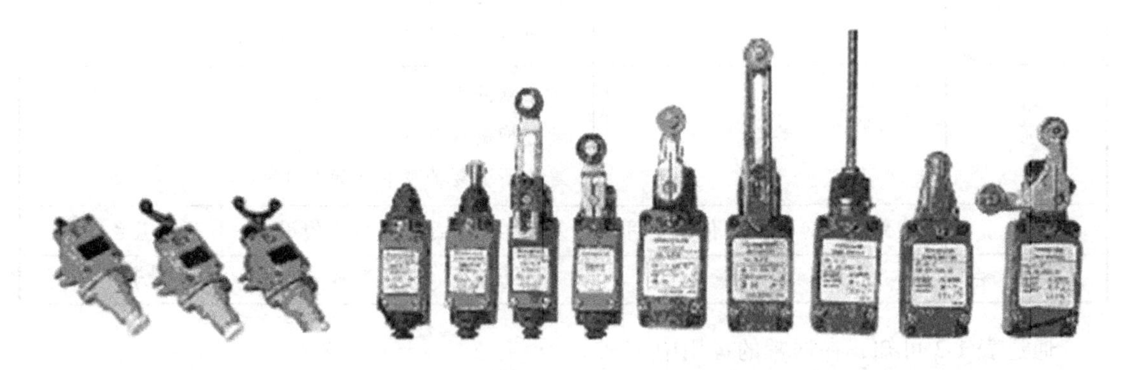

（a）防爆行程开关　　（b）各种类型行程开关

图 1-31　常用的行程开关

2）行程开关的结构、原理、型号与符号

行程开关由操作头、传动系统、触头系统和外壳四部分组成。操作头接受来自机械设备的信号，传动系统将机械信号传递给触头系统，触头系统将机械信号转换为电信号，输出给控制回路。

行程开关的结构如图 1-32 所示。

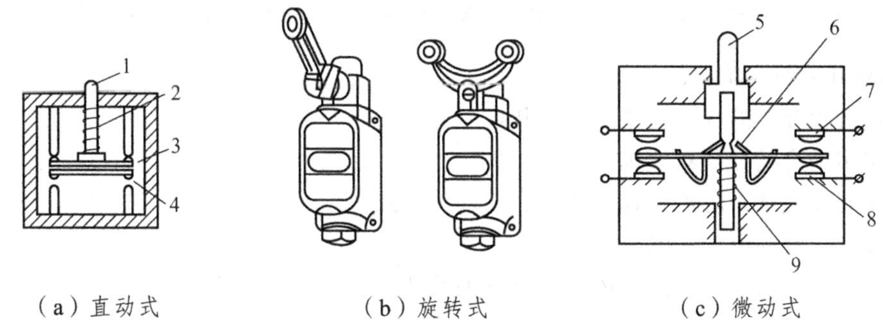

（a）直动式　　（b）旋转式　　（c）微动式

图 1-32　行程开关外形、结构图

1—触杆；2—复位弹簧；3—动断触点；4—动合触点；5—推杆；
6—畸形片状弹簧；7—常开触头；8—常闭触头；9—恢复弹簧

行程开关的符号如图 1-33 所示。

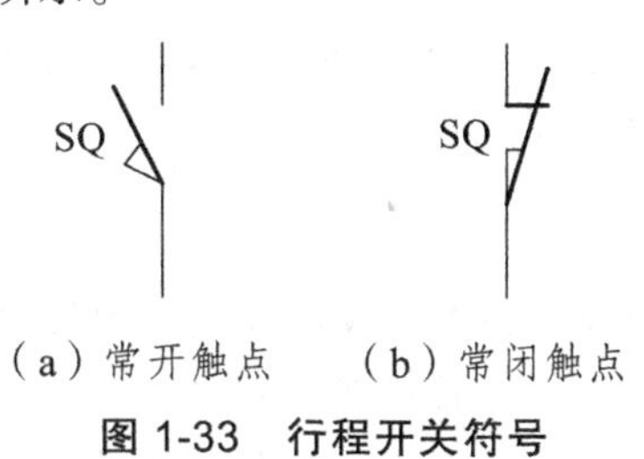

（a）常开触点　（b）常闭触点

图 1-33　行程开关符号

行程开关的型号及含义如图 1-34 所示。

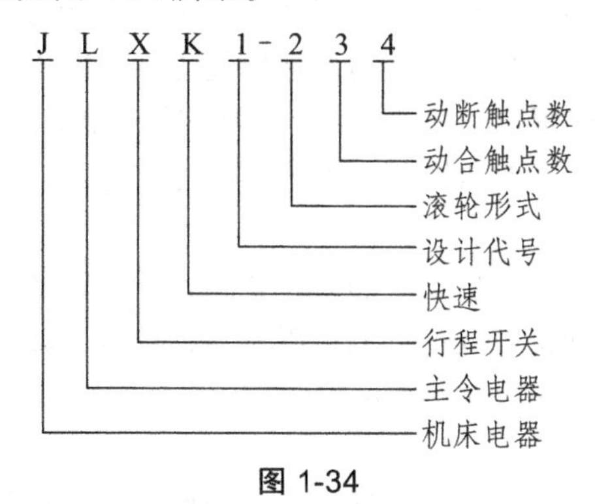

图 1-34

行程开关的工作原理和按钮相同，区别在于其不是靠手的按压，而是利用生产机械的运动部件的碰压而使触点动作来发出控制指令的主令电器。当机械的运动部件撞击触杆时，触杆下移使常闭触点断开，常开触点闭合；当运动部件离开后，在复位弹簧的作用下，触杆回复到原来位置，各触点恢复常态。

3）行程开关的分类

行程开关的种类很多，按结构和运动形式可分为机械式和电子式两大类，机械式又可以分为按钮式（直动式）、滚轮式（旋转式）、微动式等；按复位方式可分为自动复位式和非自动复位式；按触点的性质可分为有触点式和无触点式。

行程开关的主要参数有型式、动作行程、工作电压及触头的电流容量。目前国内生产的行程开关有 LXK3、3SE3、LXl9、LXW 和 LX 等系列。

生产实践中常用的行程开关有 LX19、LXW5、LXK3、LX32 和 LX33 等系列。

4）行程开关的选择

有触点行程开关的选择应注意以下几点：

（1）应用场合及控制对象选择。

（2）安装环境选择防护形式，如开启式或保护式。

（3）控制回路的电压和电流。

（4）根据机械与行程开关的传力与位移关系选择合适的头部形式。

2. 接近开关

接近开关又称无触点接近开关，是一种不需要与运动部件进行机械接触而可以操作的位置开关。当物体接近开关的感应区域到动作距离时，不需要机械接触及施加任何压力即可使开关动作，从而驱动交流（直流）电器或向计算机装置提供电气控制指令。接近开关是种开关型传感器（即无触点开关），它既有行程开关、微动开关的特性，也有传感性能。接近开关有电感式、电容式、霍尔式、交、直流型。

1）接近开关的功能

接近开关可以代替有触头行程开关来完成行程控制和限位保护，它还可以用于高速计数、测速、液面控制、检测金属体的存在、检测零件尺寸、无触点按钮及用作计算机或可编程控制器的传感器等。由于它具有非接触式触发、动作速度快、可在不同的检测距离内动作、发出的信号稳定无脉动、工作稳定可靠、应用寿命长、抗干扰能力强、重复定位精度高、无机械磨损、无火花、无噪音、对恶劣工作环境的适应能力强、防水、防震、耐腐蚀等特点，因此到目前为止，接近开关的应用范围日益广泛，主要应用于机床、冶金、化工、轻纺、印刷、塑料等工业生产中，其自身的发展和创新的速度也极其迅速。

（1）检验距离。

检测电梯、升降设备的停止、启动、通过位置；检测车辆的位置，防止两物体相撞；检测工作机械的设定位置，移动机器或部件的极限位置；检测回转体的停止位置，阀门的开或关位置；检测气缸或液压缸内的活塞移动位置。

（2）尺寸控制。

金属板冲剪的尺寸控制装置；自动选择、鉴别金属件长度；检测自动装卸时堆物高度；检测物品的长、宽、高和体积。

（3）检测物体存在与否。

检测生产包装线上有无产品包装箱；检测有无产品零件。

（4）转速与速度控制。

控制传送带的速度；控制旋转机械的转速；与各种脉冲发生器一起控制转速和转数。

（5）计数及控制。

检测生产线上流过的产品数；高速旋转轴或盘的转数计量；零部件计数。

（6）检测异常。

检测瓶盖有无；产品合格与不合格判断；检测包装盒内的金属制品缺乏与否；区分金属与非金属零件；产品有无标牌检测；起重机危险区报警；安全扶梯自动启停。

（7）计量控制。

产品或零件的自动计量；检测计量器、仪表的指针范围而控制数或流量；检测浮标控制测面高度、流量；检测不锈钢桶中的铁浮标；仪表量程上限或下限的控制；流量控制，水平面控制。

（8）识别对象。

根据载体上的码识别是与非。

（9）信息传送。

ASI（总线）连接设备上各个位置上的传感器在生产线（50 ~ 100 m）中的数据往返传送等。

2）接近开关的分类、原理、结构与符号

接近开关通常可分为有源型和无源型两种，多数接近开关为有源型，主要包括检测元件、放大电路、输出驱动电路三部分，一般采用 5 ~ 24 V 的直流或 220 V 交流电源等。

接近开关的种类很多，但不管哪一种，它们的工作原理都是接近物体后它里面的感应回路就产生一个电信号，它的放大电路放大这个信号后就输出（开关）电压，来启动连在上面的中间继电器动作。

（1）就目前应用较为广泛的接近开关按检测元件工作原理可以分为以下几种类型：

① 高频振荡型：用于检测各种金属，主要由高频振荡器、集成电路或晶体管放大器和输出器三部分组成，其基本工作原理是当有金属物体接近振荡器的线圈时，该金属物体内部产生的涡流将吸收振荡器的能量，致使振荡器停振。振荡器的振荡和停振这两个信号，经整形放大后转换成开关信号输出。

② 电容型：用以检测各种导电或不导电的液体、固体或粉状物体。其主要由电容式振荡器及电子电路组成，它的电容位于传感界面，当物体接近时，将因改变了电容值而振荡，从而产生输出信号。

③ 光电型：用以检测所有不透光物质。

④ 超声波型：用以检测不透过超声波的物质，适于检测不能或不可触及的目标，其控制功能不受声、电、光等因素干扰，检测物体可以是固体、液体或粉末状态的物体，只要能反射超声波即可。其主要由压电陶瓷传感器、发射超声波和接收反射波用的电子装置及调节检测范围用的程控桥式开关等几个部分组成。

⑤ 电磁感应型：用以检测导磁或不导磁金属。

⑥ 霍尔元件型：用于检测磁场，一般用磁钢作为被检测体。其内部的磁敏感器件仅对垂直于传感器端面的磁场敏感，当磁极 S 极正对接近开关时，接近开关的输出产生正跳变，输出为高电平，若磁极 N 极正对接近开关时，输出为低电平。

上述不同型式的接近开关所检测的被检测体不同。

（2）按其外部形状可分为圆柱型、方型、沟（槽）型、穿孔（贯通）型和分离型。圆柱型比方型安装方便，但其检测特性相同，沟型的检测部位是在槽内侧，用于检测通过槽内的物体，贯通型在我国很少生产，在日本的应用则较为普遍，可用于小螺钉或滚珠之类的小零件和浮标组装成水位检测装置等。

（3）接近开关按供电方式可分为直流型和交流型；按输出形式又可分为直流两线制、直流三线制、直流四线制、交流两线制和交流三线制。

① 两线制接近开关。

两线制接近开关安装简单，接线方便，应用比较广泛，但却有残余电压和漏电流大的缺点。

② 直流三线式。

直流三线式接近开关的晶体管输出类型有 NPN 和 PNP 两种，20 世纪 70 年代日本产品绝大多数是 NPN 输出，西欧各国 NPN、PNP 两种输出型都有。PNP 输出接近开关一般应用在 PLC 或计算机作为控制指令较多，NPN 输出接近开关用于控制直流继电器较多，在实际应用中要根据控制电路的特性选择其输出形式。

接近开关的外形与符号如图 1-35 所示。

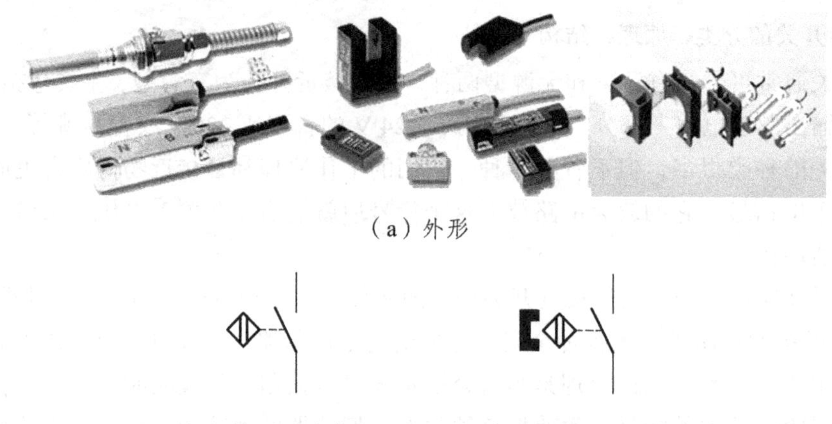

（a）外形

（b）接近开关符号　　（c）磁铁接近开关符号

图 1-35　接近开关的外形及符号

接近开关的产品种类十分丰富，常用的国产接近开关有 LJ 系列、SQ 系列、CWY 系列、3SG 系列和 LXJ18 等多种系列，国外进口及引进产品亦在国内有大量的应用。

3）接近开关的选型和检测

（1）接近开关的选型。

对于不同材质的检测体和不同的检测距离，应选用不同类型的接近开关，以使其在系统中具有高的性能价格比，为此在选型中应遵循以下原则：

① 当检测体为金属材料时，应选用高频振荡型接近开关，该类型接近开关对铁镍、A3 钢类检测体检测最灵敏。对铝、黄铜和不锈钢类检测体，其检测灵敏度就低。

② 当检测体为非金属材料时，如：木材、纸张、塑料、玻璃和水等，应选用电容型接近开关。

③ 金属体和非金属要进行远距离检测和控制时，应选用光电型接近开关或超声波型接近开关。

④ 对于检测体为金属的，当检测灵敏度要求不高时，可选用价格低廉的磁性接近开关或霍尔式接近开关。

接近开关的选择应注意以下几点：

① 工作频率、可靠性及精度。

② 检测距离、安装尺寸。

③ 输出形式、电源类型（直流或交流）、电压等级。

（2）接近开关技术指标检测。

① 动作距离测定。当动作片由正面靠近接近开关的感应面时，使接近开关动作的距离为接近开关的最大动作距离，测得的数据应在产品的参数范围内。

② 释放距离的测定。当动作片由正面离开接近开关的感应面，开关由动作转为释放时，测定动作片离开感应面的最大距离。

③ 回差 H 的测定。最大动作距离和释放距离之差的绝对值。

④ 动作频率测定。用调速电机带动胶木圆盘，在圆盘上固定若干钢片，调整开关感应面和动作片间的距离，约为开关动作距离的 80%左右，转动圆盘，依次使动作片靠近接近开关，在圆盘主轴上装有测速装置，开关输出信号经整形后接至数字频率计。此时启动电机，逐步提高转速，在转速与动作片的乘积与频率计数相等的条件下，可由频率计直接读出开关的动作频率。

⑤ 重复精度测定。将动作片固定在量具上，由开关动作距离的 120%以外，从开关感应面正面靠近开关的动作区，运动速度控制在 0.1 mm/s 上。当开关动作时，读出量具上的读数，然后退出动作区，使开关断开。如此重复 10 次，最后计算 10 次测量值的最大值和最小值与 10 次平均值之差，差值大者为重复精度误差。

接近开关的主要参数有型式、动作距离范围、动作频率、响应时间、重复精度、输出型式、工作电压及输出触点的容量等。

三、其他主令电器

1. 万能转换开关

万能转换开关可同时控制许多条（最多可达 32 条）通断要求不同的电路，而且具有多个挡位，广泛应用于交直流控制电路、信号电路和测量电路，亦可用于小容量电动机的启动、反向和调速。由于其换接的电路多，用途广，故有“万能”之称。万能转换开关以手柄旋转的方式进行操作，操作位置有 2 ~ 12 个，分定位式和自动复位式两种。

转换开关是一种多挡位、多触点、能够控制多回路的主令电器，主要用于各种控制设备中线路的换接、遥控和电流表、电压表的换相测量等，也可用于控制小容量电动机的启动、换向、调速。

常用的转换开关类型主要有两大类，即万能转换开关和组合开关。二者的结构和工作原理基本相似，在某些应用场合下二者可相互替代。转换开关按结构类型分为普通型、开启组合型和防护组合型等；按用途又分为主令控制用和控制电动机用两种。

转换开关的触点通断状态也可以用图表来表示，4 极 5 位转换开关如表 1-4 所示。

表 1-4 转换开关触点通断状态表

位置	←	↖	↑	↗	→
触点号	90°	45°	0°	45°	90°
1			×		
2		×		×	
3	×	×			
4				×	×

注：×表示触点接通。

转换开关的主要参数有型式、手柄类型、触点通断状态表、工作电压、触头数量及其电流容量，在产品说明书中都有详细说明。常用的转换开关有LW2、LW5、LW 6、LW8、LW9、LW12、LW16、VK、3LB和HZ等系列，其中LW2系列用于高压断路器操作回路的控制，LW5、LW6系列多用于电力拖动系统中对线路或电动机实行控制，LW6系列还可装成双列型式，列与列之间用齿轮啮合，并由同一手柄操作，此种开关最多可装60对触点。

转换开关的选择应从以下几方面考虑：

（1）额定电压和工作电流。

（2）手柄型式和定位特征。

（3）触点数量和接线图编号。

（4）面板型式及标志。

2. 控制器

控制器是一种手动操作，直接控制主电路大电流（10 ~ 600 A），对电动机和生产机械实现控制和保护的开关电器。常用的控制器有KT型凸轮控制器、KG型鼓型控制器和KP型平面控制器，各种控制器的作用和工作原理基本类似，下面以常用的凸轮控制器为例进行说明。

凸轮控制器是一种大型的手动控制器，主要用于起重设备中直接控制中小型绕线式异步电动机的启动、停止、调速、换向和制动，也适用于有相同要求的其他电力拖动场合。

凸轮控制器主要由触头、转轴、凸轮、杠杆、手柄、灭弧罩及定位机构等组成。凸轮控制器中有多组触点，并由多个凸轮分别控制，以实现对一个较复杂电路中的多个触点进行同时控制。由于凸轮控制器中的触点多，每个触点在每个位置的接通情况各不相同，所以不能用普通的常开常闭触点来表示。1极12位凸轮控制器的这一个触点有12个位置，当手柄转到几个位置时，由凸轮将触点接通。5极12位凸轮控制器是由5个1极12位凸轮控制器组合而成。4极5位凸轮控制器有4个触点，每个触点有5个位置。

凸轮控制器的工作原理和转换开关一样，只是使用地点不同，凸轮控制器主要用于主电路，直接对电动机等电气设备进行控制，而转换开关主要用于控制电路，通过继电器和接触器间接控制电动机。由于凸轮控制器可直接控制电动机工作，所以其触头容量大并有灭弧装置。凸轮控制器的优点为控制线路简单、开关元件少、维修方便等，缺点为体积较大、操作笨重、不能实现远距离控制。目前使用的凸轮控制器有KT10、KTJ14、KTJ15及KTJ16等系列。

3. 电磁铁

常用的电磁铁有MQ型牵引电磁铁、MW型起重电磁铁、MZ型制动电磁铁等。

MQ型牵引电磁铁用于在低压交流电路中作为机械设备及各种自动化系统操作机构的远距离控制。

MW型起重电磁铁用于安装在起重机械上吸引钢铁等磁性物质。

MZD型单相制动电磁铁和MZS型三相制动电磁铁一般用于组成电磁制动器，在制动电磁铁组成的TJ2型交流电磁制动器中，电磁制动器和电动机轴通常安装在一起，其电磁制动线圈和电动机线圈并联，二者同时得电或电磁制动线圈先得电之后电动机紧随其后得电。

如图1-36所示为常用的MZD1系列和MZS1系列交流制动电磁铁与TJ2系列闸瓦制动器的外形、型号和含义，它们配合使用共用组成电磁抱闸制动器。

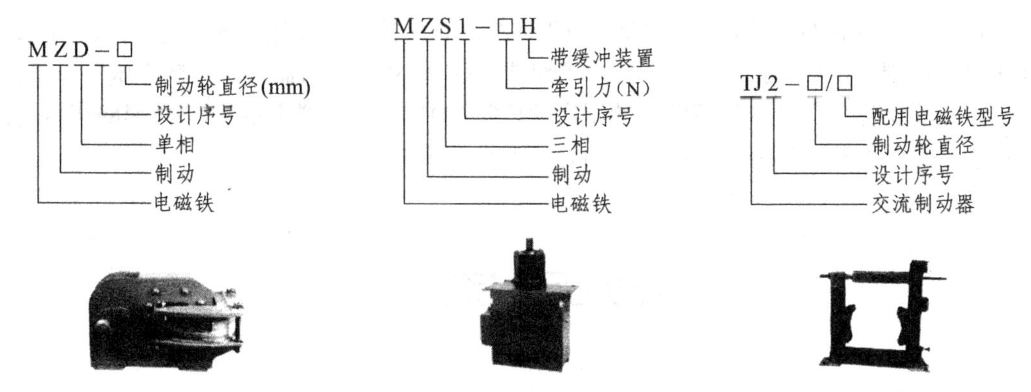

（a）MZD1 系列交流单相制动电磁铁（b）MZS1 系列交流三相制动电磁铁（c）TJ2 系列制动器

图 1-36 制动电磁铁与闸瓦制动器

制动电磁铁由铁心、衔铁和线圈三部分组成。闸瓦制动器包括闸轮、闸瓦、杠杆和弹簧等部分。

电磁抱闸制动器的结构如图 1-37（a）所示，符号如图 1-37（b）所示。

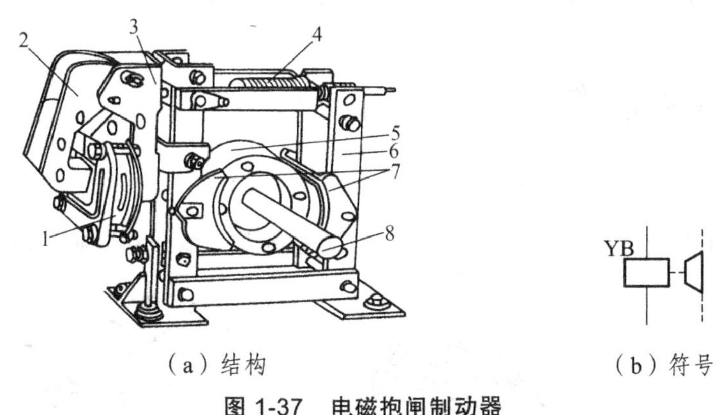

（a）结构　　（b）符号

图 1-37 电磁抱闸制动器

1—线圈；2—衔铁；3—铁心；4—弹簧；5—闸轮；6—杠杆；7—闸瓦；8—轴

电磁抱闸制动器分为断电制动型和通电制动型两种。

断电制动型的工作原理如下：当制动电磁铁的线圈得电时，制动器的闸瓦与闸轮分开，无制动作用；当线圈失电时，制动器的闸瓦紧紧抱住闸轮制动。

通电制动型的工作原理如下：当制动电磁铁的线圈得电时，闸瓦紧紧抱住闸轮制动；当线圈失电时，制动器的闸瓦与闸轮分开，无制动作用。

电磁抱闸制动器断电制动在起重机械上（如电梯、行吊等）被广泛采用。其优点是能够准确定位，同时可防止电动机突然断电时，重物自行坠落；缺点是不经济。因为电磁抱闸制动器线圈耗电时间与电动机一样长，另外，由于电磁抱闸制动器在切断电源后具有制动作用，使手动调整工件很难，因此，对要求电动机制动后能调整工件位置的机床设备，可采用通电制动型制动器进行制动。

4. 启动器

启动器用于三相异步电动机的启动和停止控制，它是一种成套的低压控制装置。

常用的启动器有 QC 型电磁启动器，用于远距离直接控制三相笼型异步电动机的启动、停止及正反转控制，主要由接触器和热继电器组成；QJ 型减压启动器采用自耦变压器降压，用于控制三相笼型异步电动机的不频繁减压启动控制；QX 型启动器为星形-三角形降压启动器。各种启动器控制电路根据型号和电动机的容量大小而不同。

任务五　接触器

接触器是用来频繁地接通和分断交、直流主电路及大容量控制电路的一种自动切换电器，主要用于控制电动机、电热设备、电焊机、电容器组等，能实现远距离自动控制，具有低电压释放保护功能，在电力拖动自动控制线路中被广泛应用。利用主接点来开闭电路，用辅助接点来执行控制指令。主接点一般只有常开接点，而辅助接点一般既有常开接点又有常闭接点，小型的接触器也经常作为中间继电器配合主电路使用。接触器分直流接触器和交流接触器两种，交流接触器又可分为电磁式、永磁式和真空式三种。

一、电磁式交流接触器

1. 结构

交流接触器主要由电磁系统、触点系统、灭弧系统及其他部分组成，如图 1-38 所示。

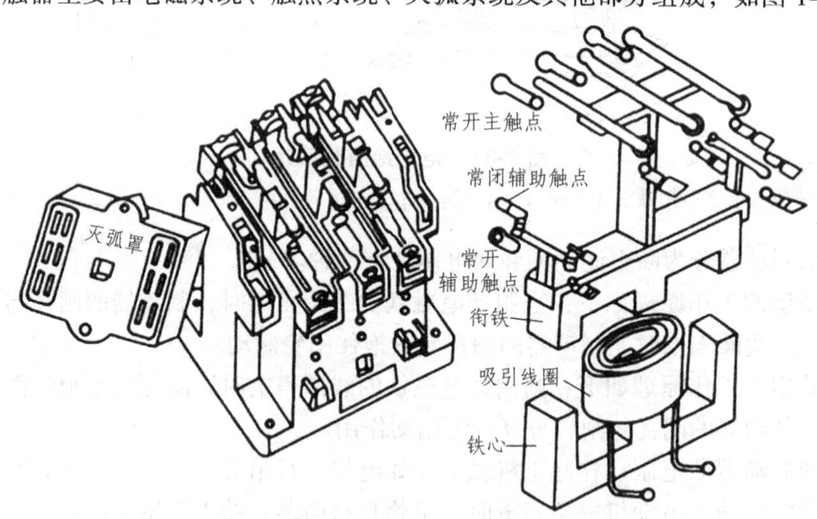

图 1-38　交流接触器的外形与结构

接触器的文字符号为 KM，交流接触器的型号表示为 CJ，接触器的图形符号如图 1-39 所示。

（1）电磁系统：电磁系统包括电磁吸引线圈、动铁心和静铁心，是接触器的重要组成部分，依靠它带动触点的闭合与断开。

（2）触点系统：触点是接触器的执行部分。根据用途不同，接触器的触点分主触点和辅助触点两种，它和动铁心是连在一起互相联动的。主触点一般比较大，接触电阻较小，用于接通或分断较大的电流，常接在主电路中；辅助触点一般比较小，接触电阻较大，用于接通或分断较小的电流，常接在控制电路（或称辅助电路）中，起电气联锁或控制作用，以满足各种控制方式的要求。交流接触器的触头通常由银钨合金制成，具有良好的导电性和耐高温烧蚀性。接触器的触点系统如图 1-40 所示。

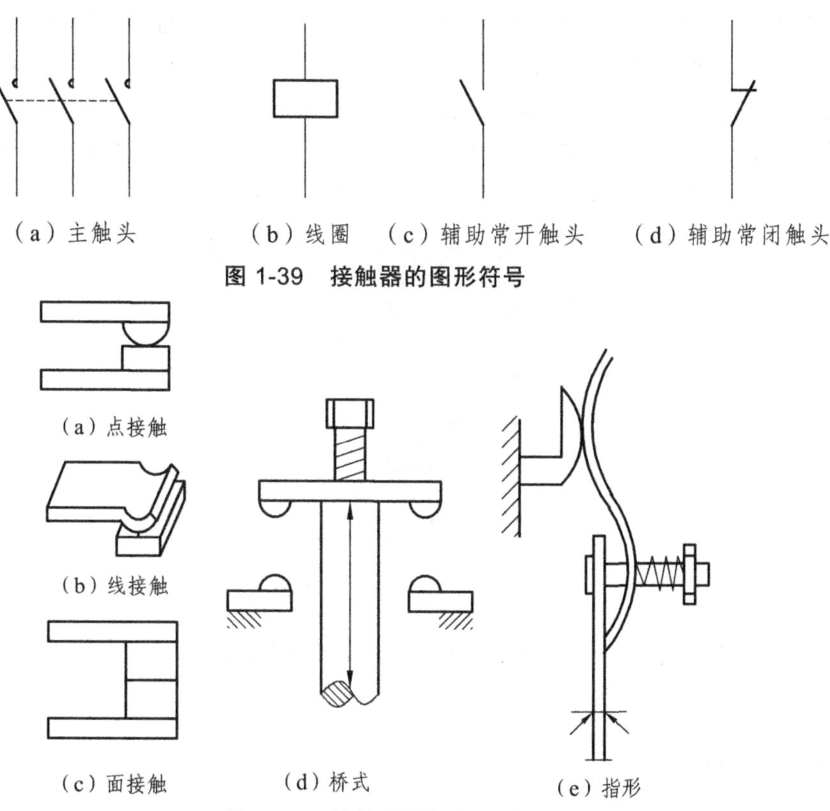

图 1-39　接触器的图形符号

图 1-40　接触器的触点系统

（3）灭弧系统：有时为了接通和分断较大的电流，在主触点上装有灭弧装置，用来保证触点断开电路时，可靠的熄灭由于主触点断开而产生的电弧，防止烧坏触点。为了迅速熄灭断开时的电弧，容量在 10 A 以上的接触器都有灭弧装置，对于小容量的接触器，常采用双断口桥形触头灭弧、电动力灭弧、相间弧板隔弧及陶土灭弧罩灭弧；对于大容量的接触器（20 A 以上），常采用纵缝灭弧罩及灭弧栅片灭弧。接触器的灭弧装置如图 1-41 所示。

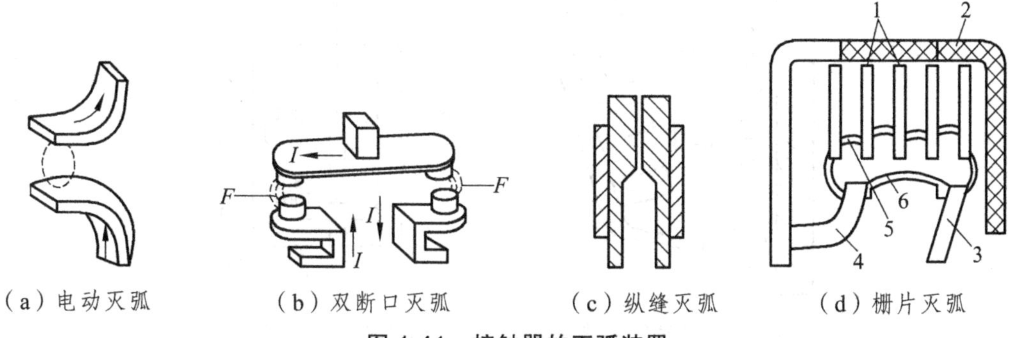

图 1-41　接触器的灭弧装置

（4）其他部分：有绝缘外壳、反作用弹簧、缓冲弹簧、触头压力弹簧、传动机构、短路环、接线柱等。

2. **工作原理**

当接触器电磁线圈不通电时，弹簧的反作用力使主触点保持在断开位置。当电磁线圈通过控制回路接通控制电压（一般为额定电压）时，动、静铁心间产生大于反作用弹簧弹力的电磁吸力，电磁吸引力克服弹簧的反作用力将衔铁（动铁心）吸向静铁心，由于触头系统是与动铁心联动的，因此动铁心带动主触点闭合，从而接通电源，辅助接点随之动作，使常开触点闭合，常闭触点断开。当线圈断电时，电磁吸引力消失，动铁心联动部分依靠弹簧的反作用力而分离，使触点恢复到原来的状态，如图 1-42 所示。

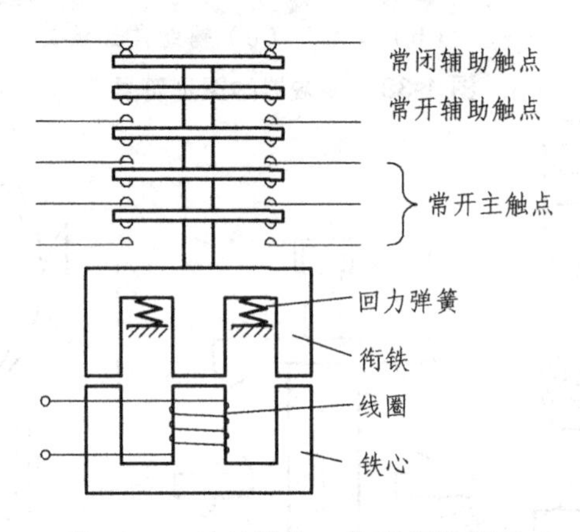

图 1-42　接触器的工作原理示意图

二、永磁式交流接触器

1. **结构**

接触器主要由驱动系统、触点系统、灭弧系统及其他部分组成。

（1）驱动系统：驱动系统包括电子模块、软铁、永磁体，是永磁式接触器的重要组成部分，依靠它带动触点的闭合与断开，如图 1-43 所示。

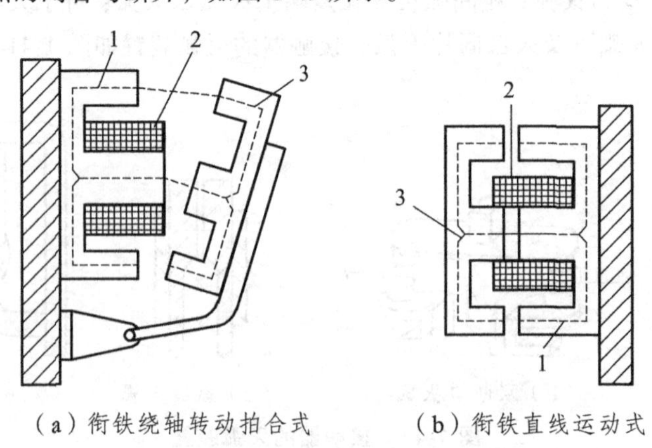

（a）衔铁绕轴转动拍合式　（b）衔铁直线运动式

图 1-43　永磁式交流接触器的驱动系统

（2）触点系统：触点是接触器的执行部分，包括主触点和辅助触点。主触点的作用是接通和分断主回路，控制较大的电流，而辅助触点用在控制回路中，以满足各种控制方式的要求。

（3）灭弧系统：灭弧装置用来保证触点断开电路时，产生的电弧可靠的熄灭，减少电弧对触点的损伤。为了迅速熄灭断开时的电弧，通常接触器都装有灭弧装置，一般采用半封式纵缝陶土灭弧罩，并配有强磁吹弧回路。

（4）其他部分：有绝缘外壳、弹簧、传动机构等。

2. 工作原理

永磁交流接触器是利用磁极的同性相斥、异性相吸的原理，用永磁驱动机构取代传统的电磁铁驱动机构而形成的一种微功耗接触器。安装在接触器联动机构上极性固定不变的永磁铁，与固化在接触器底座上的可变极性软磁铁相互作用，从而达到吸合、保持与释放的目的。软磁铁的可变极性是通过与其固化在一起的电子模块产生十几到二十几毫秒的正反向脉冲电流，而使其产生不同的极性。根据现场需要，用控制电子模块来控制设定的释放电压值，也可延迟一段时间再发出反向脉冲电流，以达到低电压延时释放或断电延时释放的目的，使其控制的电机免受电网晃电而跳停，从而保持生产系统的稳定。

3. 特点

永磁交流接触器的革新技术特点是用永磁式驱动机构取代了传统的电磁铁驱动机构，即利用永久磁铁与微电子模块组成的控制装置，置换了传统产品中的电磁装置，运行中无工作电流，仅由微弱信号电流（0.8 ~ 1.5 mA）。微电子模块中包含六个基本的部分：电源整流、控制电源电压实时检测、释放储能（有的也有吸合储能，但不是必须有）、储能电容电压检测、抗干扰门槛电压检测、释放逻辑电路。这六部分是永磁操作机构电子控制部分的必要组成，如果缺少任何一个部分，操作机构在特定的情况下就没法正常工作。以上六点决定了操作机构可以具备抗晃电功能。

（1）节能：传统接触器的合闸保持是靠合闸线圈通电产生电磁力来克服分闸弹簧来实现的，一旦电流变小使产生的电磁力不足以克服弹簧的反作用力，接触器就不能保持合闸状态，所以，传统交流接触器的合闸保持是必须靠线圈持续不断的通电来维持的，这个电流从数十到数千毫安。而永磁交流接触器合闸保持依靠的是永磁力，而不需要线圈通过电流产生电磁力来进行合闸保持，只有电子模块的 0.8 ~ 1.5 mA 的工作电流，因而，能最大限度地节约电能，节电率高达 99.8%以上。

（2）无噪音：传统交流接触器合闸保持是靠线圈通电使硅钢片产生电磁力，使动静硅钢片吸合，当电网电压不足或动静硅钢片表面不平整或有灰尘、异物等时，就会有噪音产生。而永磁交流接触器合闸保持是依靠永磁力来保持的，因而不会有噪音产生。

（3）无温升：传统接触器依靠线圈通电产生足够的电磁力来保持吸合，线圈是由电阻和电感组成的，长期通以电流必然会发热，另一方面，铁心中的磁通穿过也会产生热量，这两种热量在接触器腔内共同作用，常使接触器线圈烧坏，同时，发热降低主触头容量。而永磁交流接触器是依靠永磁力来保持的，没有维持线圈，自然也就没有温升。

（4）触头不震颤：传统交流接触器的吸持是靠线圈通电来实现的，吸持力量跟电流、磁隙有关，当电压在合闸与分闸临界状态波动时，接触器处于似合似分状态，便会不断地震颤，造成触头熔焊或烧毁，而使电机烧坏。而永磁交流接触器的吸持，完全依靠永磁力来实现，一次完成吸合，电压波动不会对永磁力产生影响，要么处于吸合状态，要么处于分闸状态，不会处于中间状态，所以不会因震颤而烧毁主触头，烧坏电机的可能性就大大降低了。

（5）寿命长，可靠性高：接触器寿命和可靠性主要是由线圈和触头寿命决定的。传统交流接触器由于它工作时线圈和铁心会发热，特别是电压、电流、磁隙增大时容易导致发热而将线圈烧毁，而永磁交流触器不存在烧毁线圈的可能。触头烧蚀主要是由分闸、合闸时产生的电弧造成的。与传统接触器相比，永磁交流接触器在合闸时，除同样有电磁力作用外，还具有永磁力的作用，因而合闸速度较传统交流接触器快很多，经检测，永磁交流接触器合闸时间一般小于 20 ms，而传统接触器合闸速度一般在 60 ms 左右。分闸时，永磁交流接触器除分闸弹簧的作用外，还具有磁极相斥力的作用，这两种作用使分闸的速度较传统接触器快很多，经检测，永磁交流接触器分闸时间一般小于 25 ms，而传统接触器分闸速度一般在 80 ms 以上。此外，线圈和铁心的发热会降低主触头容量，电压波动导致的吸力不够或震颤会使传统接触器主触头发热、拉弧甚至熔焊。永磁交流接触器触头寿命与传统交流接触器触头相比，在同等条件下寿命提高 3 ~ 5 倍。

（6）防电磁干扰：永磁交流接触器使用的永磁体磁路是完全密封的，在使用过程中不会受到外界电磁干扰，也不会对外界进行电磁干扰。

（7）智能防晃电：控制电子模块控制设定的释放电压值，可延迟一定时间再发出反向脉冲电流以达到低电压延时释放或断电延时释放，使其控制的电机免受电网电压波动（晃电）而跳停，从而保持生产系统的稳定。尤其是装置型连续生产的企业，可减少放空和恢复生产的电、蒸汽、天然气消耗和人工费、设备损坏修理费等。

三、真空交流接触器工作原理

真空接触器以真空为灭弧介质，其主触点密封在特制的真空灭弧管内。当操作线圈通电时，衔铁吸合，在触点弹簧和真空管自闭力的作用下触点闭合；操作线圈断电时，反力弹簧克服真空管自闭力使衔铁释放，触点断开。接触器分断电流时，触点间隙中会形成由金属蒸气形成的铂垢，影响接触器的使用寿命。

四、接触器的使用接法

（1）一般三相接触器一共有 8 个点，三路输入，三路输出，还有两个是控制点。输出和输入是对应的，很容易能看出来。如果要加自锁的话，则还需要从输出点的一个端子将线接到控制点上面。

（2）首先应该知道交流接触器的原理。它是把外界电源加在线圈上，产生电磁场。加电吸合，断电后接触点就断开。知道原理后，你应该弄清楚外加电源的接点，也就是线圈的两个接点，一般在接触器的下部，并且各在一边。其他的几路输入和输出一般在上部，一看就知道。还要注意外加电源的电压是多少（220 V 或 380 V），一般都有标注。并且注意接触点是常闭还是常开。如果有自锁控制，根据原理理一下线路就可以了。

五、接触器的型号划分

在电工学中，接触器是一种用来接通或断开带负载的交直流主电路或大容量控制电路的自动化切换器，主要控制对象是电动机，此外也用于其他电力负载，如电热器，电焊机，照明设备，接触器不仅能接通和切断电路，而且还具有低电压释放保护作用。接触器控制容量大。适用于频繁操作和远距离控制。是自动控制系统中的重要元件之一。通用接触器可大致分以下两类。

1. 交流接触器

主要由电磁机构、触头系统、灭弧装置等组成。常用的是 CJ10、CJ12、CJ12B 等系列。

2. 直流接触器

一般用于控制直流的电路中，主要用于远距离接通和分断直流电路，还用于直流电动机的频繁启动、停止、反转和反接制动。线圈中通以直流电，直流接触器的动作原理和结构基本上与交流接触器是相同的。

现在接触器的型号都重新划分了，都是 AC 系列的。AC-1 类接触器是用来控制无感或微感电路的；AC-2 类接触器是用来控制绕线式异步电动机的启动和分断的。AC-3 和 AC-4 接触器可用于频繁控制异步电动机的启动和分断。

六、接触器的选用维护

1. 选用

（1）按接触器所控制的负载性质、操作次数及使用类别选择相应类别的接触器。一般直流电路用直流接触器控制，当直流电动机和直流负载容量较小时，也可用交流接触器控制，但触头的额定电流应适当选择大些。

（2）按使用位置处线路的额定电压选择，接触器的额定电压应大于或等于负载回路的额定电压。

（3）按负载额定电流，接触器安装条件及电流流经触头的持续情况来选定接触器的额定电流，接触器的额定电流应大于或等于被控电路的额定电流。对于电动机负载，还应根据其运行方式适当增大或减小。如作电动机频繁启动或反接制动的控制时，应将交流接触器的额定电流降一级使用。

（4）对于吸引线圈的电压等级和电流种类，应考虑控制电源的要求。吸引线圈的额定电压与频率要与所在控制电路的选用额定电压和频率等级相一致。如选择交流接触器线圈的额定电压时，当线路简单、使用电器较少时，可选用 380 V 或 220 V 的电压线圈；当线路复杂、使用电器较多时，可选用 36 V、110 V 或 127 V 的电压线圈。

（5）接触器的触点数量、种类的选择应满足主电路和控制电路的要求。对于辅助接点的容量选择，要按联锁回路的需求数量及所连接触头遮断电流的大小考虑。

（6）对于接触器的接通与断开能力问题，选用时应注意一些使用类别中的负载，如电容器、钨丝灯等照明器，其接通时电流数值大，通断时间也较长，选用时应留有余量。交流接触器如用作通断电流较大及通断频率过高的控制时，应选用其额定电流大一级的使用。

（7）对于接触器的电寿命及机械寿命问题，由已知每小时平均操作次数和机器的使用寿命年限，计算需要的电寿命，若不能满足要求则应降容使用。

（8）选用时应考虑环境温度、湿度，使用场所的振动、尘埃、化学腐蚀等，应按相应环境选用不同类型接触器。

（9）对于照明装置使用接触器，还应考虑照明器的类型、启动电流大小、启动时间长短及长期工作电流，接触器的电流选择应不大于用电设备（线路）额定电流的 90%。对于钨丝灯及有电容补偿的照明装置，应考虑其接通电流值。

（10）设计时应考虑一、二次设备动作的一致性。

2. 维护

1）运行中检查项目

（1）通过的负荷电流是否在接触器额定值之内。

（2）接触器的分合信号指示是否与电路状态相符。

（3）运行声音是否正常，有无因接触不良而发出放电声。

（4）电磁线圈有无过热现象，电磁铁的短路环有无异常。

（5）灭弧罩有无松动和损伤情况。

（6）辅助触点有无烧损情况。

（7）传动部分有无损伤。

（8）周围运行环境有无不利运行的因素，如振动过大、通风不良、尘埃过多等。

2）维护项目

在电气设备进行维护工作时，应一并对接触器进行维护工作：

（1）外部维护：① 清扫外部灰尘；② 检查各紧固件是否松动，特别是导体连接部分，防止接触松动而发热。

（2）触点系统维护：① 检查动、静触点位置是否对正，三相是否同时闭合，如有问题应调节触点弹簧；② 检查触点磨损程度，磨损深度不得超过 1 mm，触点有烧损、开焊脱落时，须及时更换；轻微烧损时，一般不影响使用。清理触点时不允许使用砂纸，应使用整形锉；③ 测量相间绝缘电阻，阻值不低于 10 MΩ；④ 检查辅助触点动作是否灵活，触点行程应符合规定值，检查触点有无松动脱落，发现问题时，应及时修理或更换。

（3）铁心部分维护：① 清扫灰尘，特别是运动部件及铁心吸合接触面间；② 检查铁心的紧固情况，铁心松散会引起运行噪音加大；③ 铁心短路环有脱落或断裂要及时修复。

（4）电磁线圈维护：① 测量线圈绝缘电阻；② 线圈绝缘物有无变色、老化现象，线圈表面温度不应超过 65°C；③ 检查线圈引线连接，如有开焊、烧损应及时修复。

（5）灭弧罩部分维护：① 检查灭弧罩是否破损；② 灭弧罩位置有无松脱和位置变化；③ 清除灭弧罩缝隙内的金属颗粒及杂物。

七、接触器的工作制

根据国标 GB 14048.4—93《低压开关设备和控制设备 低压机电式接触器和电动机启动器》的规定，交流接触器可按工作时间分为四类工作制：

1. 八小时工作制

这是基本的工作制。接触器的约定发热电流参数就是按此工作制确定的，一般情况下各种系列规格的接触器均适用于八小时工作制。此类工作制的接触器在闭合情况下其主触头通过额定电流时能达到热平衡，但在八小时后应分断。

2. 不间断工作制

这类工作制就是长期工作制，就是主触头保持闭合承载一稳定电流持续时间超过八小时（数周甚至数年）也不分断电流的工作制。接触器长期处于工作状态不变的情况下容易使触头氧化和灰尘积累，这些因素会导致散热条件劣化，相与相、相对地绝缘能力降低，容易发生爬电现象甚至短路。当工况要求接触器工作于此类工作制时，交流接触器必须降容使用或特殊设计，宜选用灰尘不易聚集、爬电间距较大的型号。多尘和腐蚀性气体的环境应特别重视这个问题。

3. 短时工作制

处于这类工作制下的接触器主触头保持闭合的时间不足以使接触器达到热平衡，有载时段被空载时段隔开，而空载时段足以使接触器温度恢复到初态温度（即冷却介质温度）。短时工作制的接触器触头通电时间标准值为 3 min、10 min、30 min、60 min 和 90 min。

4. 断续周期工作制

断续周期工作制也就是反复短时工作制，是指接触器闭合和断开的时间都太短，不足以使接触器达到热平衡的工作制。显然影响此类接触器时间寿命的主要因素是操作的累计次数。描述断续周期工作制的主要参数是通电持续率和操作频率，通电持续率标准值为 15%、25%、40%、60%四种，操作频率则分为 8 级（1、3、12、30、120、300、600、1 200），每级的数字即表示该接触器额定的每小时操作频率数。通常操作频率 100 次/h 以上的设备属于重任务设备，典型的设备有工作母机（车、钻、铣、磨）、升降设备、轧机设备、离心机，炼焦行业的焦炉四大车也是重任务断续周期工作制。操作频率超过 600 次/h 的设备属于特重任务设备，此类的设备主要是类似卸煤机的港口起重设备和轧机上的某些装置。

不同的工作制对交流接触器提出了完全不同的要求，选用时考虑的侧重面自然不同。“八小时工作制”和“短时工作制”设备选用接触器时受限制的条件较少，只需考虑接触器额定电流大于实际的工作电流即可，设备重要时适当放一点余量。“不间断工作制”设备选用接触器时首先要考虑防尘、防爬电、防过热的能力，不宜选用结构紧凑的接触器（必要时用断路器替用）。为防止过热，接触器容量应放大 20%以上，大型化工生产装置的电气设备大多属于这种情况。属于重任务和特重任务的“断续周期工作制”设备选用接触器时，首先要考虑触头的电寿命和动作机构的机械寿命，应选用 CJ12 系列（特别适用于绕线式电动机）、CJ20 系列或真空系列的接触器，由于降容使用可大大提高接触器的电寿命，可以简便地将电动机的启动电流作为所选接触器的额定电流，以提高生产装置的安全可靠性。

八、接触器的主要技术指标

1. 额定电压

接触器的额定电压是指主触头的额定电压。交流为 220 V、380 V 和 660 V，在特殊场合应用的额定电压高达 1 140 V；直流主要为 110 V、220 V 和 440 V。

2. 额定电流

接触器的额定电流是指主触头的额定工作电流。它是在一定的条件（额定电压、使用类别和操作频率等）下规定的，目前常用的电流等级为 10 ~ 800 A。

3. 吸引线圈的额定电压

交流为 36 V、127 V、220 V 和 380 V，直流为 24 V、48 V、220 V 和 440 V。

4. 机械寿命和电气寿命

接触器是频繁操作电器，应有较高的机械和电气寿命，该指标是产品质量的重要指标之一。

5. 额定操作频率

接触器的额定操作频率是指每小时允许的操作次数，一般为 300 次/h、600 次/h 和 1 200 次/h。

6. 动作值

动作值是指接触器的吸合电压和释放电压。规定接触器的吸合电压大于线圈额定电压的 85%时应可靠吸合，释放电压不高于线圈额定电压的 70%。

常用的交流接触器有 CJl0、CJl2、CJ10X、CJ20、CJXl、CJX2、3TB 和 3TD 等系列。

任务六　继电器

继电器用于将某种电量（如电压、电流）或非电量（如温度、压力、转速、时间等）的变化量转换为开关量，来通断小电流电路（如控制电路）的自动控制电器，其种类很多，按输入量可分为电压继电器、电流继电器、时间继电器、温度继电器、速度继电器、压力继电器等；按工作原理可分为电磁式继电器、电动式继电器、感应式继电器、电子式继电器、热继电器等；按输出方式可分为有触点继电器、无触点继电器；按用途可分为控制继电器、保护继电器等；按输入量变化形式可分为有无继电器和量度继电器。

继电器和接触器的工作原理一样。主要区别在于，接触器的主触头可以通过大电流，而继电器的触头只能通过小电流。所以，继电器一般只用于控制电路中。

一、电磁式继电器

电磁式继电器起控制、放大、联锁、保护和调节作用。电磁式继电器结构和工作原理与交流接触器基本相同，主要由电磁机构和触点系统组成。按吸引线圈的电流种类，可以分为直流电磁式继电器和交流电磁式继电器；按其在电路中的作用，可以分为中间继电器、电流继电器和电压继电器。电磁式继电器具有结构简单、价格低廉、使用维护方便、触点容量小（一般在 5 A 以下）、触点数量多且无主、辅之分、无灭弧装置、体积小、动作迅速、准确、控制灵敏、可靠等特点，广泛地应用于低压控制系统中。常用的电磁式继电器有电流继电器、电压继电器、中间继电器以及各种小型通用继电器等。

1. 中间继电器

1）功能

中间继电器在控制电路中起逻辑变换和状态记忆的功能，以及用于扩展接点的容量和数量，另外，在控制电路中还可以调节各继电器、开关之间的动作时间，具有防止电路误动作的作用。中间继电器通常用来传递信号和同时控制多个电路，也可用来直接控制小容量电动机或其他电气执行元件。中间继电器在机床控制线路中，常用来控制各种电磁线圈，将一个输入信号变成一个或多个输出信号，起到触点的放大作用。适用于控制线路中把信号同时传递给几个有关的控制元件。中间继电器与接触器的功能与原理基本相同，但容量小，不能混用。中间继电器体积小，动作灵敏度高，一般不用于直接控制电路的负荷，但当电路的负荷电流在 5 ~ 10 A 以下时，也可代替接触器起控制负荷的作用。

2）结构

由电磁机构和触点系统组成。中间继电器的结构与接触器基本相同，与交流接触器的主要区别是触点数目多些，且触点容量小，只允许通过小电流（一般为 5 ~ 10 A），无灭弧装置。中间继电器的电磁线圈所用电源有直流和交流两种。常用的中间继电器有 JZ7、JZ8、JZ14 等。

3）图形及文字符号

中间继电器的图形及文字符号如图 1-44 所示。

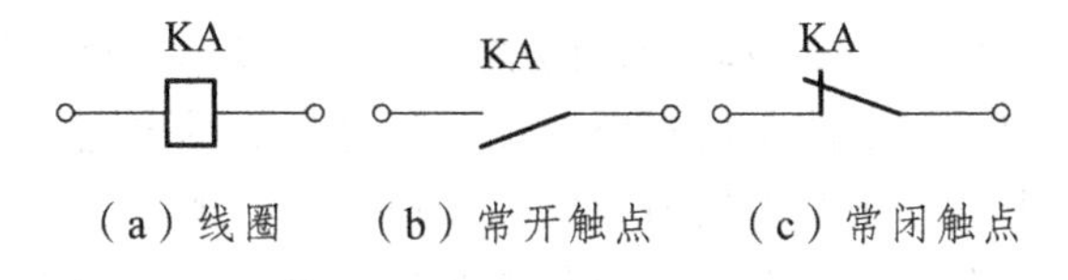

（a）线圈　（b）常开触点　（c）常闭触点

图 1-44　中间继电器的图形及文字符号

4）安装与使用

中间继电器的安装、使用与接触器类似。在选用中间继电器时，主要是考虑电压等级和触点数目。

2. 电流继电器

电动机的过流保护和欠流保护（如失磁保护）是用电流继电器来完成的，反映输入量为电流的继电器叫做电流继电器，它是根据输入电流大小而动作的继电器，当通过电流继电器线圈的电流达到预定值时，引起开关电器动作。它主要用于频繁启动和重载启动的场合，接通和分断控制线路，再通过接触器或其他电器对电动机控制线路的主电路进行过载和短路保护。图 1-45 所示是常见的 JT4 和 JT5 系列电流继电器的外形和在电路图中的符号。电流继电器是由线圈、圆柱形铁心、衔铁、触头系统和反作用弹簧等部分组成的。使用时，电流继电器的线圈串联在被测电路中，根据电流的大小而动作。为了降低串入电流继电器线圈后对原电路工作状态的影响，电流继电器线圈的匝数少，导线粗，阻抗小。电流继电器可分为过电流继电器和欠电流继电器两种。常用的电流继电器的型号有 JL12、JL15 等。

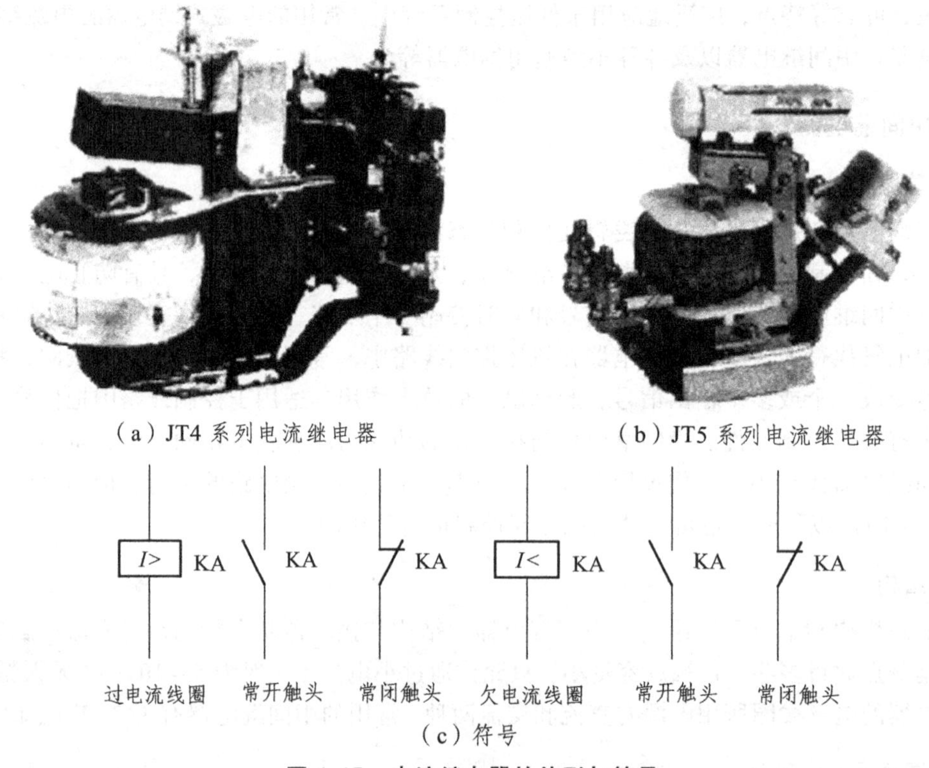

（a）JT4 系列电流继电器　　（b）JT5 系列电流继电器

（c）符号

图 1-45　电流继电器的外形与符号

1）过电流继电器

当通过继电器的电流超过预定值时动作的继电器称为过电流继电器。过电流继电器用于过电流保护或控制，如起重机电路中的过电流保护。过电流继电器在电路正常工作时流过正常工作电流，正常工作电流小于继电器所整定的动作电流，继电器不动作，当电流超过动作电流整定值时才动作。过电流继电器动作时其常开接点闭合，常闭接点断开。过电流继电器整定范围为（110%～400%）额定电流，其中交流过电流继电器为（110%～400%）额定电流，直流过电流继电器为（70%～300%）额定电流。

过电流继电器广泛用于直流电动机或绕线转子电动机的控制电路中，用于频繁及重载启动的场合，作为电动机和主电路的过载或短路保护。它主要由线圈、圆柱形静铁心、衔铁、触头系统和反作用弹簧等组成。当通过继电器线圈的电流为额定值时，电磁系统产生的吸力不足以克服弹簧的反作用力，衔铁不动作；当通过继电器线圈的电流超过预定值时，电磁系统产生的吸力大于弹簧的反作用力，衔铁动作，带动其常闭触头断开，常开触头闭合，调整反作用弹簧的反作用力，可改变继电器的动作电流值。

常用的过电流继电器有 JT12、JL14、JL15、JT4 等系列，其吸合电流一般为（110%～400%）额定电流。过电流继电器的整定电流一般取电动机额定电流的 1.7～2 倍，频繁启动的场合可取电动机额定电流的 2.25～2.5 倍。

2）欠电流继电器

当通过继电器的电流减小到低于其整定值时释放的继电器称为欠电流继电器。欠电流继电器用于欠电流保护或控制，如直流电动机励磁绕组的弱磁保护、电磁吸盘中的欠电流保护、绕线式异步电动机启动时电阻的切换控制等。欠电流继电器的动作电流整定范围为线圈额定电流的 30%～65%。需要注意的是欠电流继电器在电路正常工作时，电流正常不欠电流，欠电流继电器处于吸合动作状态，常开接点处于闭合状态，常闭接点处于断开状态；当电路出现不正常现象或故障现象导致电流下降或消失时，继电器中流过的电流小于释放电流而动作，所以欠电流继电器的动作电流为释放电流而不是吸合电流。

欠电流继电器的结构与过电流继电器相似，一般当线圈中通入的电流达到额定电流的30%～65%时继电器吸合，当线圈中的电流降至额定电流的 10%～20% 时，继电器的衔铁释放。因此，在线圈电流正常时这种继电器的衔铁与铁心是吸合的，当电流降至低于整定值时，欠电流继电器释放，发出信号，从而改变电路的工作状态。

3. 电压继电器

电压继电器的输入量是电路的电压大小，其根据输入电压大小而动作。电压继电器常用在电力系统继电保护中，在低压控制电路中使用较少。图 1-46 所示为 JT4 系列电压继电器，可见它与 JT4 系列电流继电器外形、结构类似，也主要由线圈、圆柱形静铁心、衔铁、触头系统和反作用弹簧等组成。故电压继电器的工作原理及安装使用等知识与电流继电器类似。但电压继电器使用时，其线圈并联在被测量的电路中，根据线圈两端电压的大小而接通或断开电路。因此这种继电器线圈的导线细、匝数多、阻抗大。

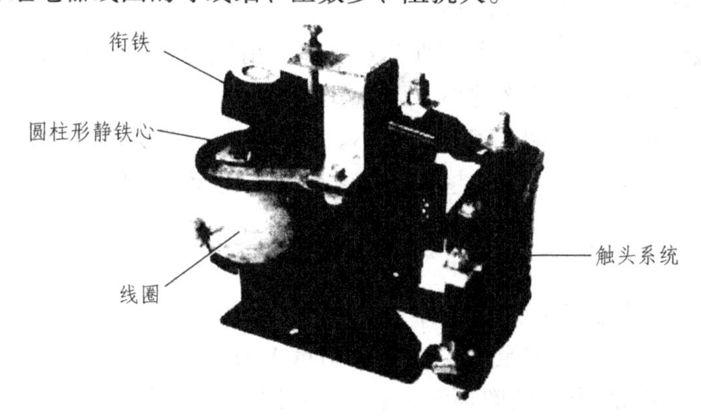

图 1-46　JT4 系列电压继电器

根据实际应用的要求，电压继电器分为过电压继电器和欠电压继电器两种（零电压继电器是欠电压继电器的一种特殊形式）。

过电压继电器是当继电器中的电压超过整定值时，引起开关电器动作的继电器。它主要用于对电路或设备作过电压保护。常用的过电压继电器为 JT4-A 系列，其动作电压可在（105%～120%）额定电压范围内调整。

欠电压继电器是当继电器的电压减小到某一规定范围时释放的继电器，对电路实现欠电压或零电压保护，零电压继电器是欠电压继电器的一种特殊形式，是当继电器的端电压降至“零”或接近消失时才动作的电压继电器。可见欠电压继电器和零电压继电器在线路正常工作时，铁心与衔铁是吸合的，当电压降至低于整定值时，衔铁释放，带动触头动作，对电路实现欠电压或零电压保护。常用的欠电压继电器和零电压继电器有 JT4-P 系列，欠电压继电器的释放电压可在（40%～70%）额定电压范围内整定，零电压继电器的释放电压可在（10%～35%）额定电压范围内调节。电压继电器在电路图中的符号如图 1-47 所示。

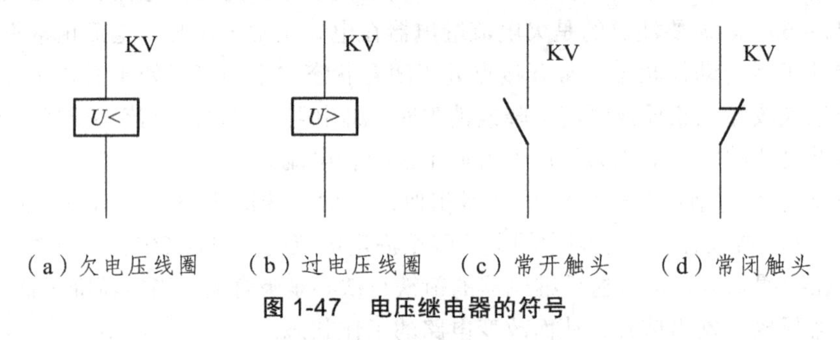

图 1-47　电压继电器的符号

4. 电磁式继电器的选用

主要根据负载电流或启动电流所需的触点数目及复位方式等来选择。

5. 电磁式继电器的整定

继电器的吸动值和释放值可以根据保护要求在一定范围内调整，现以直流电磁式继电器为例予以说明。

（1）转动调节螺母，调整反力弹簧的松紧程度可以调整动作电流（电压）。弹簧反力越大动作电流（电压）就越大，反之就越小。

（2）改变非磁性垫片的厚度。非磁性垫片越厚，衔铁吸合后磁路的气隙和磁阻就越大，释放电流（电压）也就越大，反之越小，而吸引值不变。

（3）调节螺丝，可以改变初始气隙的大小。在反作用弹簧力和非磁性垫片厚度一定时，初始气隙越大，吸引电流（电压）就越大，反之就越小，而释放值不变。

6. 电磁式继电器的特性

继电器的主要特性是输入-输出特性，又称为继电特性。

当继电器输入量 X 由 0 增加至 X_2 之前，输出量 Y 为 0。当输入量增加到 X_2 时，继电器吸合，输出量 Y 为 1，表示继电器线圈得电，常开接点闭合，常闭接点断开。当输入量继续增大时，继电器动作状态不变。

当输出量 Y 为 1 的状态下，输入量 X 减小，当小于 X_2 时 Y 值仍不变，当 X 再继续减小至

小于 X_1 时，继电器释放，输出量 Y 变为 0，X 再减小，Y 值仍为 0。

在继电特性曲线中，X_2 称为继电器吸合值，X_1 称为继电器释放值。$k=X_1/X_2$，称为继电器的返回系数，它是继电器的重要参数之一。

返回系数 k 值可以调节，不同场合对 k 值的要求不同。例如一般控制继电器要求 k 值低些，为 0.1 ~ 0.4，这样继电器吸合后，输入量波动较大时不致引起误动作。保护继电器要求 k 值高些，一般为 0.85 ~ 0.9。k 值是反映吸力特性与反力特性配合紧密程度的一个参数，一般 k 值越大，继电器灵敏度越高，k 值越小，灵敏度越低。

二、时间继电器

时间继电器是一种利用电磁原理或机械动作原理来实现触头延时闭合或分断的自动控制电器。用于需要按时间顺序进行控制的电气控制系统中，它接受控制信号后，能够按要求延时动作。

1. 时间继电器的功能

时间继电器是按整定时间长短进行动作的控制电器，它主要用于接收电信号至触点动作需要延时的场合，按照所需时间间隔，接通或断开被控制的电路，以协调和控制生产机械的各种动作。

2. 时间继电器的分类

时间继电器的种类很多，按构成原理可分为：电磁式、电动式、空气阻尼式、电子式和数字式等。按延时方式可分为：通电延时型、断电延时型。

3. 时间继电器的图形及文字符号

时间继电器的文字符号为 KT，时间继电器的图形符号如图 1-48 所示。

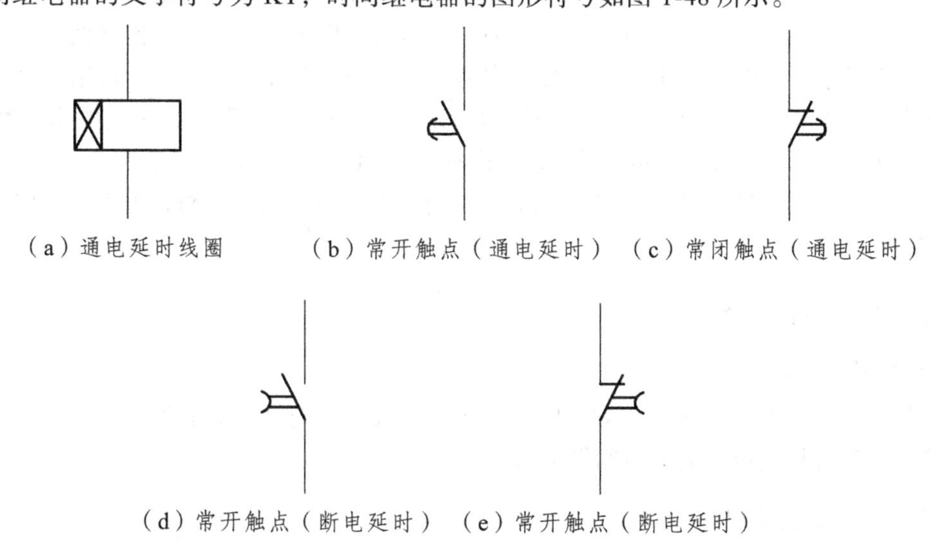

图 1-48　时间继电器的图形符号

4. 空气阻尼式时间继电器（又称气囊式时间继电器）的结构与原理

下面以 JS7 型空气阻尼式时间继电器为例说明其工作原理。

空气阻尼式时间继电器是利用空气的阻尼作用达到动作延时目的的，它由电磁机构、延时机构和触头系统三部分组成。电磁机构为直动式双 E 型铁心，触头系统借用 LX5 型微动开关，延时机构采用气囊式阻尼器。

空气阻尼式时间继电器可以做成通电延时型，也可改成断电延时型，电磁机构可以是直流的，也可以是交流的。

现以通电延时型时间继电器为例介绍其工作原理。

当通电延时型时间继电器的线圈通电后，动铁心吸合，带动 L 型传动杆向右运动，使瞬动接点受压，其接点瞬时动作。活塞杆在塔形弹簧的作用下，带动橡皮膜向右移动，弱弹簧将橡皮膜压在活塞上，橡皮膜左方的空气不能进入气室，形成负压，只能通过进气孔进气，因此活塞杆只能缓慢地向右移动，其移动的速度和进气孔的大小有关（通过延时调节螺丝调节进气孔的大小可改变延时时间）。经过一定的延时后，活塞杆移动到右端，通过杠杆压动微动开关（通电延时接点），使其常闭触头断开，常开触头闭合，起到通电延时作用。

当线圈断电时，电磁吸力消失，动铁心在反力弹簧的作用下释放，并通过活塞杆将活塞推向左端，这时气室内中的空气通过橡皮膜和活塞杆之间的缝隙排掉，瞬动接点和延时接点迅速复位，无延时。

如果将通电延时型时间继电器的电磁机构反向安装，就可以改为断电延时型时间继电器。线圈不得电时，塔形弹簧将橡皮膜和活塞杆推向右侧，杠杆将延时接点压下（注意：原来通电延时的常开接点现在变成了断电延时的常闭接点了，原来通电延时的常闭接点现在变成了断电延时的常开接点），当线圈通电时，动铁心带动 L 型传动杆向左运动，使瞬动接点瞬时动作，同时推动活塞杆向左运动，如前所述，活塞杆向左运动不延时，延时接点瞬时动作。线圈失电时动铁心在反力弹簧的作用下返回，瞬动接点瞬时动作，延时接点延时动作。

时间继电器线圈和延时接点的图形符号都有两种画法，线圈中的延时符号可以不画，接点中的延时符号可以画在左边也可以画在右边，但是圆弧的方向不能改变。

空气阻尼式时间继电器的优点是结构简单、延时范围大、寿命长、价格低廉，且不受电源电压及频率波动的影响，其缺点是延时误差大、无调节刻度指示，一般适用延时精度要求不高的场合。常用的产品有 JS7-A、JS23 等系列，其中 JS7-A 系列的主要技术参数为延时范围，分 0.4 ~ 60 s 和 0.4 ~ 180 s 两种，操作频率为 600 次/h，触头容量为 5 A，延时误差为 ±15%。在使用空气阻尼式时间继电器时，应保持延时机构的清洁，防止因进气孔堵塞而失去延时作用。

5. 时间继电器的选用

1）类型的选用

根据系统的延时准确度要求和延时长短要求来选择时间继电器的类型和系列；并根据使用场合、工作环境选择合适的时间继电器。

2）延时方式的选用

根据控制线路的要求选择时间继电器的延时方式（通电延时型或断电延时型）。

3）工作电压的选用

根据控制线路电压选择时间继电器吸引线圈的电压。

6. 时间继电器的安装、使用

无论是通电延时继电器还是断电延时继电器，都必须使继电器在断电释放时衔铁的运动方向垂直向下。时间继电器的整定值应预先在不通电时整定好，在通电试车时校正。

三、热继电器

热继电器主要是用于电气设备（主要是电动机）的过负荷保护，一般与接触器配合使用，用于对三相异步电动机的过负荷和断相保护。三相异步电动机在实际运行中，常会遇到因电气或机械原因等引起的过电流（过载和断相）现象。如果过电流不严重，持续时间短，绕组不超过允许温升，这种过电流是允许的；如果过电流情况严重，持续时间较长，则会加快电动机绝缘老化，影响电动机的使用寿命，严重时甚至能烧坏电动机，因此，在电动机的控制电路中应设置电动机保护装置，通常我们是在电路中设置热继电器来实现过载保护。在实际情况下，为了提高热继电器对三相不平衡过载电流保护的灵敏度，通常在电动机的三相负荷线上都串接上热继电器的热元件。

1. 功能

热继电器主要用于负载的过载保护、断相保护、电流不平衡的保护以及其他电气设备发热状态的控制。双金属片式热继电器根据两种金属材料受热后膨胀程度不同这一特性制成，是一种用于电动机及电气设备的过载保护电器，利用电流热效应原理工作。热继电器的双金属片从升温到发生形变断开动断触点有一个时间过程，不可能在短路瞬时迅速分断电路，所以不能作为短路保护，只能作为过载保护。这种特性符合电动机等负载的需要，可避免电动机启动时的短时过流造成不必要的停车。热继电器在保护形式上分为二相保护式和三相保护式两类。

2. 分类

热继电器有多种型式，其中常用的有：

1）双金属片式

利用双金属片受热弯曲去推动杠杆使触头动作。可分为不带断相保护和带断相保护热继电器两种；根据热元件的相数，又可分为两相结构和三相结构。

2）热敏电阻式

利用电阻值随温度变化而变化的特性制成的热继电器。

3）易熔合金式

利用过载电流发热使易熔合金达到某一温度值时，合金熔化而使继电器动作。

3. 双金属片式热继电器的结构、型号与符号

双金属片式热继电器的外形及结构如图 1-49 所示。

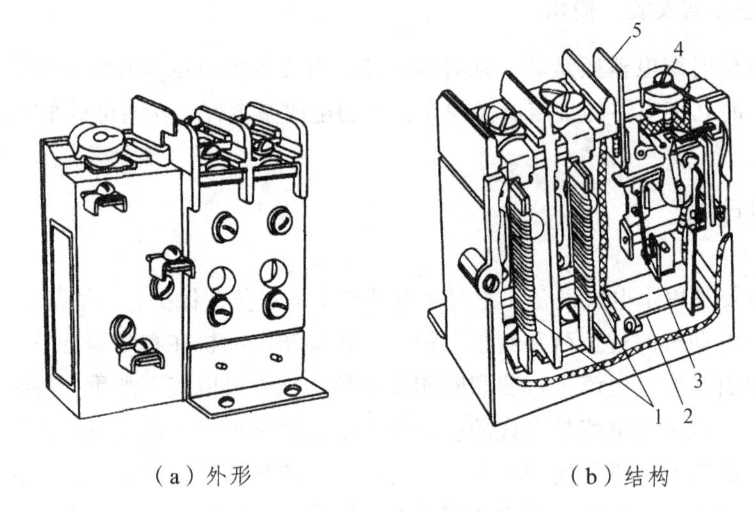

（a）外形　　（b）结构

图 1-49　双金属片式热继电器的外形及结构图

1—热元件；2—动作机构；3—动断触点；4—整定电流装置；5—复位按钮

双金属片式热继电器是由双金属片、热元件、动作机构、触头系统、复位按钮、整定电流调节旋钮、温度补偿元件和接线端子等组成。

双金属片是一种将两种线膨胀系数不同的金属用机械辗压方法使之形成一体的金属片。膨胀系数大的（如铁镍铬合金、铜合金或高铝合金等）称为主动层，膨胀系数小的（如铁镍类合金）称为被动层。由于两种线膨胀系数不同的金属紧密地贴合在一起，当产生热效应时，使得双金属片向膨胀系数小的一侧弯曲，由弯曲产生的位移带动触头动作。

热元件一般由铜镍合金、镍铬铁合金或铁铬铝等合金电阻材料制成，其形状有圆丝、扁丝、片状和带材几种。热元件串接于电机的定子电路中，通过热元件的电流就是电动机的工作电流（大容量的热继电器装有速饱和互感器，热元件串接在其二次回路中）。当电动机正常运行时，其工作电流通过热元件产生的热量不足以使双金属片变形，热继电器不会动作。当电动机发生过电流且超过整定值时，双金属片的热量增大而发生弯曲，经过一定时间后，使触点动作，通过控制电路切断电动机的工作电源。同时，热元件也因失电而逐渐降温，经过一段时间的冷却，双金属片恢复到原来状态。

热继电器动作电流的调节是通过旋转调节旋钮来实现的。调节旋钮为一个偏心轮，旋转调节旋钮可以改变传动杆和动触点之间的传动距离，距离越长动作电流就越大，反之动作电流就越小。

热继电器复位方式有自动复位和手动复位两种，将复位螺丝旋入，使常开的静触点向动触点靠近，这样动触点在闭合时处于不稳定状态，在双金属片冷却后动触点也返回，为自动复位方式。如将复位螺丝旋出，触点不能自动复位，为手动复位方式。在手动复位方式下，需在双金属片恢复状时按下复位按钮才能使触点复位。

热继电器型号含义如图 1-50 所示。

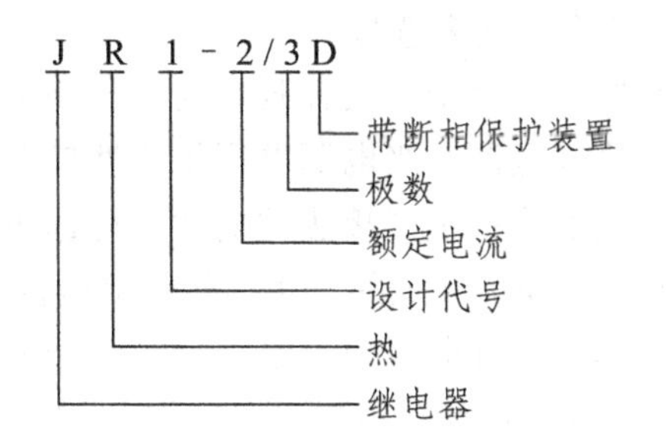

图 1-50

热继电器的文字符号为 KH，热继电器的图形符号如图 1-51 所示。

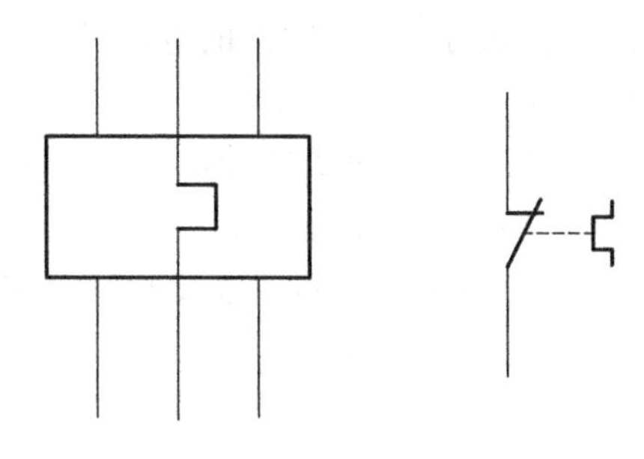

图 1-51　热继电器的图形符号

4. **动作原理**

热继电器是利用电流的热效应而动作的保护电器。其动作原理是：如果电路或设备工作正常，通过热元件的电流未超过允许值，则热元件温度不高，不会使双金属片产生过大的弯曲，热继电器处于正常工作状态使线路导通。一旦电路过载，有较大电流通过热元件，热元件烤热双金属片，双金属片一端是固定的，另一端是自由端。因下层金属膨胀系数大，上层的膨胀系数小。当主电路中电流超过容许值而使双金属片受热时，双金属片的自由端便向上弯曲超出扣板，扣板在弹簧的拉力下将常闭触点断开。触点是接在电动机的控制电路中的，控制电路断开便使接触器的线圈断电，从而断开电动机的主电路，起过载保护作用，如图 1-52 所示。

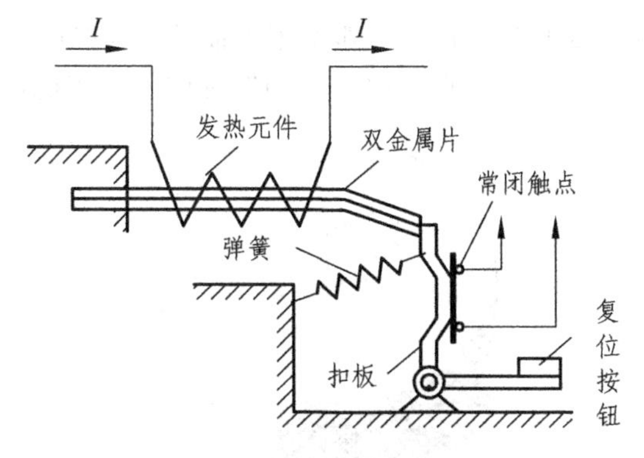

图 1-52　热继电器动作原理图

5. **选用**

热继电器主要用于电动机的过载保护，使用中应考虑电动机的工作环境、启动情况、负载性质等因素，具体应按以下几个方面来选择：

（1）热继电器结构型式的选择：对于一般轻载启动、长期工作的电动机或间断长期工作的电动机，可选择两相结构的热继电器；当电源电压平衡性较差、工作环境恶劣或很少有人看管时，可选择三相结构的热继电器；星形接法的电动机可选用两相或三相结构热继电器，三角形接法的电动机应选用带断相保护装置的三相结构热继电器。

（2）热元件额定电流的选择：热继电器的额定电流应大于电动机额定电流，热继电器热元件整定电流一般应取为电动机额定电流的 0.9 ~ 1.05 倍。一般，电动机启动电流为其额定电流的 6 倍，启动时间不超过 5 s 时，热元件整定电流要调节到等于电动机的额定电流。如电动机的启动时间较长或启动冲击性负载时，热继电器的动作电流整定值一般可调节到电动机额定电流的 1.1 ~ 1.15 倍。对工作环境恶劣，启动频繁的电动机，热继电器热元件整定电流一般应取为电动机额定电流的 1.15 ~ 1.5 倍。

（3）对于重复短时工作的电动机（如起重机电动机），由于电动机不断重复升温，热继电器双金属片的温升跟不上电动机绕组的温升，电动机将得不到可靠的过载保护。因此，不宜选用双金属片热继电器，而应选用过电流继电器或能反映绕组实际温度的温度继电器来进行保护。

6. 安装

热继电器应安装在其他发热电器的下方。整定电流装置的位置一般应安装在右边，并保证在进行调整和复位时的安全和方便。热继电器的热元件应串接在主电路中，动断触点串接在控制线路中。

四、速度继电器

速度继电器是反映转速和转向的继电器，其主要作用是以旋转速度的快慢为指令信号，与接触器配合实现对电动机的反接制动控制，因此也称为反接制动继电器。图 1-53 所示为 JY1 型速度继电器的外形，它是利用电磁感应原理工作的感应式速度继电器，广泛用于生产机械运动部件的速度控制和反接控制快速停车。如车床主轴、铣床主轴等。JY1 型速度继电器具有结构简单、工作可靠、价格低廉等特点，故目前仍然有许多生产机械采用。

图 1-53　JY1 型速度继电器

1. 速度继电器的功能

速度继电器以速度的大小为指令信号，与接触器配合完成三相鼠笼型异步电动机的反接制动控制，常用于铣床和镗床的控制电路中。

2. 速度继电器的结构和原理

JY1 型速度继电器如图 1-54 所示，它主要由定子、转子、可动支架、触头及端盖等组成。转子由圆柱形永久磁铁制成，固定在转轴上；定子是一个鼠笼型空心圆环，由硅钢片叠成并装有笼型短路绕组，能作小范围偏转；触头有两组，一组在转子正转时动作，另一组在反转时动作。

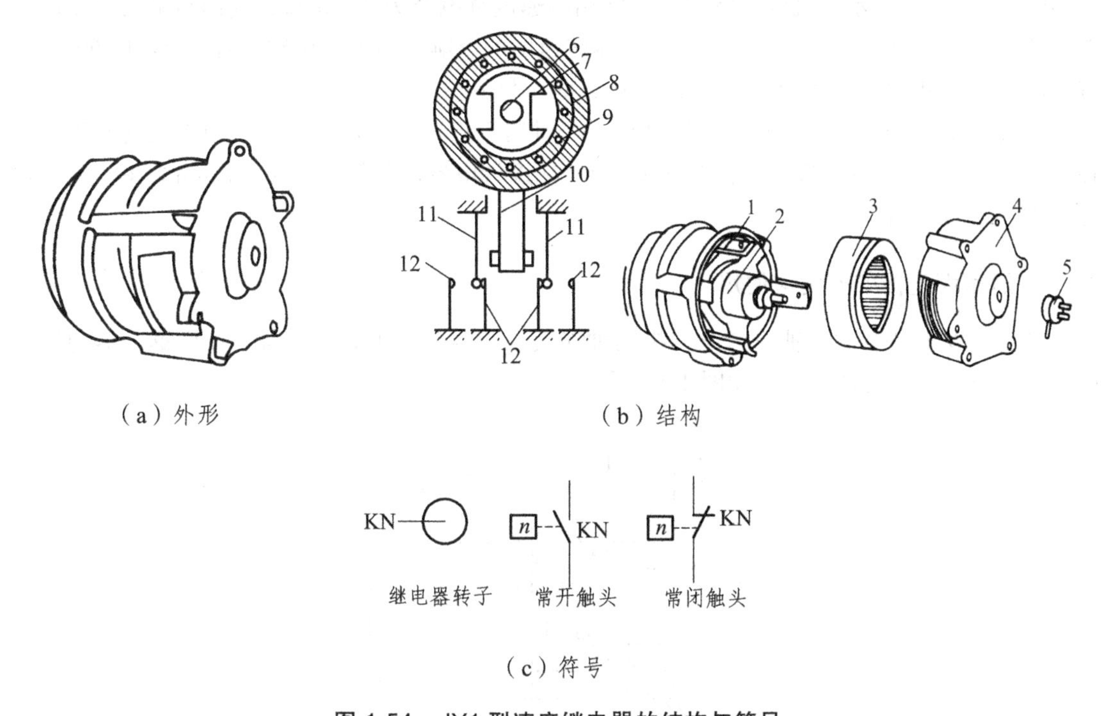

图 1-54　JY1 型速度继电器的结构与符号

1—可动支架；2—转子；3—定子；4—端盖；5—连接头；6—电动机轴；7—转子（永久磁铁）；8—定子；9—定子绕组；10—胶木摆锤；11—簧片（动触头）；12—静触头

使用时，速度继电器的转轴与电动机的转轴连接在一起，当电动机旋转时，带动速度继电器的转子随之旋转，在空间产生旋转磁场，定子中的鼠笼型绕组切割磁力线而产生感应电动势及感应电流，感应电流在永久磁场的作用下产生转矩，使定子偏转，当电动机达到一定转速时，装在定子轴上的摆锤推动簧片触点运动，使常闭触点断开，常开触点闭合；当电动机转速降低至某一数值时，摆锤恢复原状态，触头在簧片作用下复位。

3. 速度继电器的选用

速度继电器主要根据所需控制的转速大小、触头数量和触头的电压、电流来选用。JY1 型和 JFZ0 型速度继电器的技术数据如表 1-5 所示。

表 1-5　JY1 型和 JFZ0 型速度继电器的技术数据

型号	触头额定电压/V	触头额定电流/A	触头对数		额定工作转速/（r/min）	允许操作频率/（次/h）
			正转动作	反转动作		
JY1	380	2	1 组转换触头	1 组转换触头	100 ~ 3 000	<30
JFZ0-1			1 常开、1 常闭	1 常开、1 常闭	300 ~ 1 000	
JFZ0-2			1 常开、1 常闭	1 常开、1 常闭	1 000 ~ 3 000	

常用的速度继电器有 JY1 型和 JFZ0 型两种。其中 JY1 型可在 100 ~ 3 000 r/min 内工作，其动作速度一般为 150 r/min 左右，复位速度在 100 r/min 左右。速度继电器在电路图中的符号如图 1-54（c）所示；机床控制线路中常用的速度继电器为 JFZ0 型，其两组触头改用两个微动开关，这样触头的动作速度不受定子偏转速度的影响，额定工作转速有 300 ~ 1 000 r/min（JFZ0–1 型）和 1 000 ~ 3 000 r/min（JFZ0–2 型）两种。

一般速度继电器都具有两对转换触点，一对用于正转时动作，另一对用于反转时动作。触点额定电压为 380 V，额定电流为 2 A。通常速度继电器动作转速为 130 r/min 左右，复位转速在 100 r/min 以下。

4. 速度继电器的安装与使用

（1）速度继电器的转轴应与电动机同轴连接，使两轴的中心线重合。速度继电器的轴可用联轴器与电动机的轴连接，如图 1-55 所示。

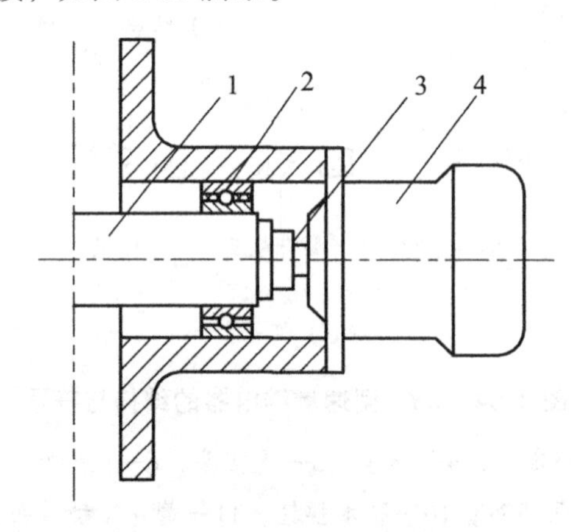

图 1-55　速度继电器的安装

1—电动机轴；2—电动机轴承；3—联轴器；4—速度继电器

（2）速度继电器安装接线时，应注意正反向触头不能接错，否则，不能实现反接制动控制。

（3）速度继电器的金属外壳必须可靠接地。

五、压力继电器

压力继电器主要用于对液体或气体压力的高低进行检测并发出开关量信号，以控制电磁阀、液泵等设备对压力的高低进行控制。

压力继电器主要由压力传送装置和微动开关等组成，液体或气体压力经压力入口推动橡皮膜和滑竿，克服弹簧反力向上运动，当压力达到给定压力值时，触动微动开关，发出控制信号，旋转调压螺母可以改变给定压力值。

六、液位继电器

液位继电器主要用于对液位的高低进行检测并发出开关量信号，以控制电磁阀、液泵等设备对液位的高低进行控制。液位继电器的种类很多，工作原理也不尽相同，下面以 JYF-02 型液位继电器为例介绍其工作原理：浮筒置于液体内，浮筒的另一端为一根磁钢，靠近磁钢的液体外壁也装一根磁钢，并和动触点相连，当水位上升时，受浮力上浮而绕固定支点上浮，带动磁钢条向下，当内磁钢 N 极低于外磁钢 N 极时，由于液体壁内外两根磁钢同性相斥，壁外的磁钢受排斥力迅速上翘，带动触点迅速动作。同理，当液位下降，内磁钢 N 极高于外磁钢 N 极时，外磁钢受排斥力迅速下翘，带动触点迅速动作。液位高低的控制是由液位继电器的安装位置来决定的。

实训 1-1　常用低压电器的识别与检测

1. 工具、仪表及器材

（1）工具：电工常用工具。

（2）仪表：万用表、兆欧表。

（3）器材：低压开关、熔断器、主令电器、接触器、继电器。

2. 实训过程

1）识别、检测低压开关

（1）教师安排学生搜集下列信息：

① 低压开关的功能和种类。

② 开启式负荷开关、封闭式负荷开关、低压断路器和组合开关的用途、型号、符号、结构及工作原理等。

（2）教师分别拿出几种低压开关，由学生根据实物写出各个低压开关的名称、型号及符号。

（3）拆开各个低压开关，观察其内部结构情况，检查各个零部件是否有缺损。

（4）检查各个低压开关性能的好坏程度。用兆欧表测量各个触头的接地电阻和每两相触头之间的绝缘电阻，检测其绝缘性能的好坏；然后用万用表的电阻挡检测各对触头的通断情况，并通过测量各对触头之间的电阻检查触头的接触情况是否良好。

2）识别、检测低压熔断器

（1）教师安排学生搜集下列信息：

① 低压熔断器的功能和种类。

② 各类低压熔断器的用途、型号、符号、结构及工作原理等。

（2）教师分别拿出几种低压熔断器，由学生根据实物写出各个低压熔断器的名称、型号及符号。

（3）拆开各个低压熔断器，观察其内部结构情况，检查各个零部件是否有缺损。

（4）检查各个低压熔断器性能的好坏程度。用兆欧表测量各个触头的接地电阻，检测其绝缘性能的好坏；然后用万用表的电阻挡检测熔体的通断情况。

3）识别、检测主令电器

（1）教师安排学生搜集下列信息：

① 主令电器的功能和种类。

② 按钮、行程开关、接近开关、万能转换开关、电磁铁、凸轮控制器、启动器的用途、型号、符号、结构及工作原理等。

（2）教师分别拿出几种主令电器，由学生根据实物写出各个主令电器的名称、型号及符号。

（3）拆开各个主令电器，观察其内部结构情况，检查各个零部件是否有缺损。

（4）检查各个主令电器性能的好坏程度。用兆欧表测量各个触头的接地电阻和每两对触头之间的绝缘电阻，检测其绝缘性能的好坏；然后用万用表的电阻挡检测各对触头的通断情况，并通过测量各对触头之间的电阻检查触头的接触情况是否良好。

4）识别、检测接触器

（1）教师安排学生搜集下列信息：

① 接触器的功能和种类。

② 接触器的用途、型号、符号、结构及工作原理等。

（2）教师分别拿出几种接触器，由学生根据实物写出各个接触器的名称、型号及符号。

（3）拆开各个接触器，观察其内部结构情况，检查各个零部件是否有缺损。

（4）检查各个接触器性能的好坏程度。用兆欧表测量各个触头的接地电阻和每两相触头之间的绝缘电阻，检测其绝缘性能的好坏；然后用万用表的电阻挡检测各对触头的通断情况，并通过测量各对触头之间的电阻检查触头的接触情况是否良好。

5）识别、检测继电器

（1）教师安排学生搜集下列信息：

① 继电器的功能和种类。

② 中间继电器、电流继电器、电压继电器、热继电器、时间继电器、速度继电器、压力继电器、液位继电器的用途、型号、符号、结构及工作原理等。

（2）教师分别拿出几种继电器，由学生根据实物写出各个继电器的名称、型号及符号。

（3）拆开各个继电器，观察其内部结构情况，检查各个零部件是否有缺损。

（4）检查各个继电器性能的好坏程度。用兆欧表测量各个触头的接地电阻和每两对触头之间的绝缘电阻，检测其绝缘性能的好坏；然后用万用表的电阻挡检测各对触头的通断情况，并通过测量各对触头之间的电阻检查触头的接触情况是否良好。

实训 1-2　低压电器常见故障及维修

低压电器在运行过程中由于使用不当或长期投入运行元器件老化等原因均会出现故障，且故障种类繁多，现对常见故障进行分析处理。

1. 触头的故障及维修

触头是低压开关电器的主要部件，常见故障有过热、磨损和熔焊等。

1）触头过热

触头过热是指工作触头的发热量超过了额定温度。造成触头过热或灼伤的原因及解决方法为：

（1）由触头压力不足造成的过热要调整触头压力，一般为更换弹簧压力机构。测量方法如图 1-56 所示。

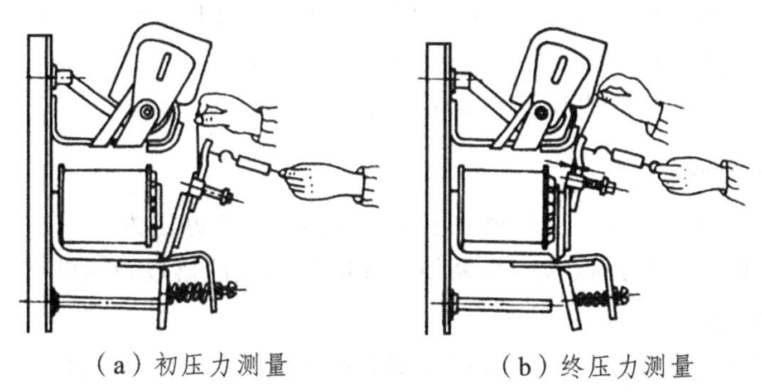

（a）初压力测量　　（b）终压力测量

图 1-56　触头压力测量方法示意图

（2）由触头接触不良、触头表面有油污或不平或触头表面氧化造成的过热，要对触头进行清理，可使用汽油或刀具清除。

（3）由操作频率过高或工作电流过大造成的过热，首先检查电源电压是否在额定电压范围，负荷是否过载，再根据需要调换容量较大的电器。由于环境温度或使用于密闭环境中造成的过热，要更换容量大的电器或降容使用。

2）触头过度磨损

触头磨损有两类，分别为电磨损和机械磨损，当磨损到一定程度时均应更换。造成过度磨损的原因及排除方法为：

（1）由三相触头不同步造成的过度磨损，可通过调整使之同步并更换触头。

（2）由负载侧短路造成的，需要排除短路故障。

（3）由设备选用时超程太小，容量时有不足造成的，要更换成容量大的设备。

3）触头熔焊

触头熔焊是指动、静触头接触面熔化后焊接在一起的现象。发生触头熔焊的原因及排除方法为：

（1）由操作频率过高或过负荷使用造成的，要按使用条件重新选用设备。

（2）触头压力过小造成的，要调整弹簧压力或更换新的压力机构。

（3）触头表面有金属异物造成的，要更换新的触头。

（4）操作回路电压过低或触头被卡住在刚接触位置上造成的，要提高操作电压，排除卡阻现象。

2. 电磁机构的故障及维修

电磁机构是低压电器的重要组成部分，起能量转换和操作运动的作用，常见的故障有噪声较大、吸不上或吸力不足、不释放或释放缓慢、线圈过热或烧损等。

1）噪声较大

造成噪声较大的原因及解决办法为：

（1）电源电压低造成的，要提高电源电压。

（2）衔铁与铁心接触而粘有油污、灰尘或铁心生锈造成的，要清理接触面。

（3）铁心接触面磨损过度不平造成的，要更换铁心。

（4）零件歪斜或发生机械卡阻造成的，要调整或重新整理安排有关零件。

（5）触点压力过大造成的，要调整触点弹簧压力机构。

（6）短路环损坏引起的，更换铁心或短路环。

2）衔铁吸不上或吸力不足

电源接通后，出现衔铁吸不上或吸力不足的原因及解决办法为：

（1）操作回路电源电压过低或发生断线，线圈进出线脱落以及接线错误等造成的，要增大电源电压，整理线路。

（2）电源电压过低或波动过大，或可动部分有卡阻现象、转轴生锈、歪斜等造成的，要调整电源电压、清除可动部件的故障。

（3）触头压力过大或超程过大造成的，要调整压力机构或进行更换。

3）衔铁不释放或释放缓慢

当电源断开后出现衔铁不释放或释放缓慢的原因及解决办法为：

（1）触头弹簧压力过小造成的，要调整压力机构或进行更换。

（2）触头被熔焊造成的，要查找熔焊原因并更换触头。

（3）可动部件被卡阻或转轴生锈或歪斜造成的，要调整有关部件或更换转轴。铁心端面有油污或端面之间的气隙消失造成的，要清洗端面或更换修理铁心。

（4）反力弹簧损坏造成的，要更换弹簧或整个反力机构。

4）线圈过热或烧坏线圈

运行过程中出现过热或烧坏的原因及故障排除办法为：

（1）线圈电压过高或过低造成的，要调整电源电压或线圈电压。

（2）操作频率过高或线圈参数不符合要求造成的，需更换线圈或按使用条件选用设备。

（3）铁心端面不平造成衔铁和铁心吸合时有间隙造成的，要修理或更换铁心。线圈绝缘老化出现匝间短路或局部对地短路造成的，要更换新的线圈。

电工作业中还会碰到其他故障现象，进行故障分析、排除时要根据实际现象尽可能多地分析产生故障的原因，逐一排除，按照安全要求认真操作，确认故障排除及接线正确后进行送电试运行。

3. 常用低压电器的故障及维修

1）负荷开关的常见故障及修理方法（见表1-6）

表1-6　负荷开关的常见故障及修理方法

故障现象	可能原因	处理方法
合闸后一相或两相没电	（1）夹座弹性消失或开口过大 （2）熔丝熔断或接触不良 （3）夹座、动触头氧化或有污垢 （4）电源进线或出线头氧化或接触不良	（1）修理或更换夹座 （2）更换熔丝或进行紧固 （3）清洁夹座、动触头 （4）检查进出线头，清除氧化层或重新连接
动触头或夹座过热或烧坏	（1）开关容量太小 （2）分、合闸时动作太慢，造成电弧过大，烧坏触头 （3）动触头、夹座表面被电弧烧毛 （4）动触头与夹座压力不足 （5）负载电流过大 （6）动触头和夹座接触歪斜	（1）更换较大容量的开关 （2）改进操作方法 （3）用细锉刀修理毛刺和凸起点 （4）调整夹座压力 （5）减轻负载或更换较大容量的开关 （6）调整动触头和夹座的位置
封闭式负荷开关的操作手柄带电	（1）外壳接地线未接地或接触不良 （2）电源线绝缘损坏碰壳	（1）检查接地线后，加固接地线 （2）更换导线或恢复绝缘
开关手柄转动失灵	（1）定位机械损坏 （2）动触头转动铰链过松	（1）修理或更换 （2）拧紧固定螺栓
合闸后，熔丝熔断	（1）外接负载短路 （2）熔体规格偏小	（1）排除负载短路故障 （2）按要求更换熔体

2）组合开关的常见故障及修理方法（见表1-7）

表1-7　组合开关的常见故障及修理方法

故障现象	可能原因	处理方法
手柄转动后，内部触头未动作	（1）手柄的转动连接部件磨损变形 （2）操作机构损坏 （3）绝缘杆变形（由方形磨为圆形） （4）轴与绝缘杆装配不紧 （5）手柄与方轴，或轴与绝缘杆配合松动	（1）调换手柄 （2）修理或更换操作机构 （3）更换绝缘杆 （4）紧固轴与绝缘杆 （5）紧固松动部件
手柄转动后，三副触头不能同时接通或断开	（1）开关型号选用不对 （2）触头角度装配得不正确 （3）触头失去弹性、有尘污、氧化层或接触不良	（1）更换开关 （2）重新装配 （3）更换触头、清除污垢、氧化层或调整三副触头
开关接线柱相间短路	因铁屑或油污附在接线柱间，形成导电层，将胶木烧焦，绝缘破坏而形成短路	清洁开关或调换开关

3）低压断路器的常见故障及修理方法（见表 1-8）

表 1-8　低压断路器的常见故障及修理方法

故障现象	可能原因	处理方法
手动操作断路器，触头不能闭合	（1）电源电压太低 （2）热脱扣的双金属片尚未冷却复原 （3）欠电压脱扣器无电压或线圈损坏 （4）储能弹簧变形，导致闭合力减小 （5）反作用弹簧力过大 （6）操作机构不能复位再扣	（1）检查线路并调高电源电压 （2）待双金属片冷却后再合闸 （3）检查线路，施加电压或调换线圈 （4）调换储能弹簧 （5）重新调整弹簧反力 （6）调整再扣接触面至规定值
电动操作断路器，触头不能闭合	（1）操作电源电压不符 （2）电源容量不够 （3）电磁铁拉杆行程不够 （4）电动机操作定位开关变位 （5）控制器中整流管或电容器损坏	（1）调换电源 （2）增大操作电源容量 （3）调整或调换拉杆 （4）调整定位开关 （5）更换整流管或电容器
电流达到整定值，断路器不动作	（1）热脱扣器的双金属片损坏 （2）过电流脱扣器的衔铁与铁心距离太大或电磁线圈损坏 （3）主触头熔焊	（1）更换双金属片 （2）调整衔铁与铁心距离或更换断路器 （3）检查原因并更换主触头
电动机启动时，断路器立即分断	（1）过电流脱扣器瞬动整定值太小 （2）过电流脱扣器某些零部件损坏 （3）过电流脱扣器反作用力弹簧断裂或落下	（1）调整瞬动整定值至规定值 （2）调换脱扣器或损坏的零部件 （3）调换弹簧或重新装好弹簧
断路器闭合后，经一定时间（约 1 h）自行分断	（1）热脱扣器整定值过小 （2）热元件或半导体延时电路元件变质	（1）调高整定值至规定值 （2）更换热元件或半导体元件
分励脱扣器不能使断路器分断	（1）线圈短路 （2）电源电压太低	（1）调换线圈 （2）检修线路，调整电源电压
欠电压脱扣器噪声大	（1）反作用力弹簧弹力太大 （2）铁心工作面有油污 （3）短路环断裂	（1）调整反作用力弹簧 （2）清除铁心油污 （3）更换铁心或短路环
欠电压脱扣器不能使断路器分断	（1）反作用力弹簧弹力变小 （2）储能弹簧断裂或弹簧弹力变小 （3）机构生锈卡死	（1）调整反作用力弹簧 （2）调换或调整储能弹簧 （3）清除锈污，消除卡死原因
断路器温升过高	（1）触头压力过小 （2）触头表面过分磨损或接触不良 （3）两个导电零件连接螺钉松动	（1）调整触头压力或更换弹簧 （2）更换触头或修整接触面 （3）重新拧紧

4）熔断器的常见故障及修理方法（见表1-9）

表1-9 熔断器的常见故障及修理方法

故障现象	可能原因	处理方法
电路接通瞬间，熔断器熔体熔断	（1）熔体电流等级选择过小 （2）被保护的电路中有短路或接地点 （3）安装熔体时有机械损伤 （4）有一相电源发生断路	（1）选择合适的熔体进行更换 （2）检查线路，找出故障点并排除 （3）重新安装新的熔体 （4）检查熔断器及被保护的电路，找出断路点并排除
熔体未熔断，但电路不通	（1）熔体两端或接线端接触不良 （2）紧固螺钉松脱 （3）熔断器的螺帽盖未拧紧	（1）接牢熔体或将接线重新连接 （2）找出松动处将螺钉或螺母旋紧 （3）旋紧螺帽盖
短路保护动作误差过大	（1）熔体电流等级选择不合适 （2）熔体发生氧化腐蚀损伤 （3）熔体四周介质温度与被保护对象四周介质温度相差过大	（1）计算负载后，重新选择合适的熔体进行更换 （2）更换熔体 （3）调换熔断器位置，使之与被保护对象四周介质温度相一致

5）按钮的常见故障及修理方法（见表1-10）

表1-10 按钮的常见故障及修理方法

故障现象	可能原因	处理方法
触头接触不良	（1）触头烧损 （2）触头表面有尘垢 （3）触头弹簧失效	（1）修整触头或更换产品 （2）清洁触头表面 （3）重绕弹簧或更换产品
触头间短路	（1）塑料受热变形，导致接线螺钉相碰短路 （2）杂物或油污在触头间形成通路	（1）查明发热原因排除故障并更换产品 （2）清洁按钮内部

6）行程开关的常见故障及修理方法（见表1-11）

表1-11 行程开关的常见故障及修理方法

故障现象	可能原因	处理方法
挡铁碰撞行程开关后，触头不动作	（1）安装位置不准确 （2）触头接触不良或接线松脱 （3）触头弹簧失效	（1）调整安装位置 （2）清刷触头或紧固接线 （3）更换弹簧
杠杆已经偏转，或无外界机械力作用，但触头不复位	（1）复位弹簧失效 （2）内部撞块卡阻 （3）调节螺钉太长，顶住开关按钮	（1）更换弹簧 （2）清扫内部杂物 （3）检查调节螺钉

7）交流接触器的常见故障及修理方法（见表1-12）

表1-12　交流接触器的常见故障及修理方法

故障现象	可能原因	处理方法
线圈通电后，接触器吸不上或吸不牢（即触头已闭合而铁心尚未完全闭合）	（1）电源电压过低或波动过大 （2）操作回路电源容量不足或发生断线、接线错误及控制触头接触不良 （3）控制电源电压与线圈电压不符 （4）产品本身受损（如线圈断线或烧毁，机械可动部分被卡住，转轴生锈或歪斜等） （5）触头弹簧压力或超程过大 （6）电源离接触器太远，连接导线太细	（1）调高电源电压（一般不低于线圈额定电压的80%） （2）增加电源容量，纠正接线，修理控制触头 （3）更换线圈 （4）更换线圈，排除卡住故障，修理受损零件 （5）按要求重新调整触头参数 （6）更换较粗的连接导线
线圈断电后，接触器不释放或释放缓慢	（1）触头弹簧压力过小 （2）触头熔焊 （3）机械可动部分被卡住，转轴生锈或歪斜 （4）反力弹簧损坏 （5）铁心极面有油污或尘埃粘着 （6）铁心磨损过大（如E形铁心，当寿命终了时，因为去磁气隙消失，剩磁增大，使铁心不释放）	（1）调整触头参数 （2）排除熔焊故障，修理或更换触头 （3）排除卡住现象，修理受损零件 （4）更换反力弹簧 （5）用汽油清洗铁心极面 （6）更换铁心
线圈过热或烧损	（1）电源电压过高或过低 （2）线圈技术参数（如额定电压、频率、负载因数及适用工作制等）与实际使用条件不符 （3）操作频率过高 （4）线圈制造不良或由于机械损伤、绝缘损坏或线圈匝间短路 （5）使用环境条件特殊：如空气潮湿，含有腐蚀性气体或环境温度过高 （6）铁心机械可动部分被卡住 （7）交流铁心极面不平或去磁气隙过大 （8）交流接触器派生直流操作的双线圈，因常闭联锁触头熔焊不能释放而使线圈过热烧毁	（1）更换合适的线圈或调整电源电压（应为线圈额定电压的80%~110%） （2）调换线圈或接触器 （3）选择其他合适的接触器 （4）更换线圈，排除引起线圈机械损伤、绝缘损坏等的故障 （5）采用特殊设计的线圈 （6）排除卡住现象 （7）清理极面或调换铁心 （8）对损坏的触头进行调整维修并更换烧坏的线圈
电磁铁铁心（交流）噪声大	（1）电源电压过低 （2）触头弹簧压力过大 （3）磁系统歪斜或机械上卡住，使铁心不能吸平 （4）极面生锈或因异物（如油垢、尘埃）黏附铁心极面 （5）短路环断裂 （6）铁心极面磨损过度而不平	（1）提高电源电压 （2）调整触头弹簧压力 （3）排除机械卡住故障 （4）清理铁心极面 （5）调换铁心或短路环 （6）更换铁心

续表 1-12

故障现象	可能原因	处理方法
触头烧伤或熔焊	（1）操作频率过高或产品超负荷使用，断开容量不够 （2）负载侧短路 （3）触头弹簧压力过小 （4）触头表面有金属颗粒突起或有异物 （5）操作回路电压过低或机械上卡住，致使吸合过程中有停滞现象，触头停顿在刚接触的位置上	（1）调换容量较大的接触器 （2）排除短路故障，更换触头 （3）调高触头弹簧压力 （4）清理触头表面 （5）提高操作电源电压，排除机械卡住故障，使接触器吸合可靠
八小时工作制触头过热或灼伤	（1）触头弹簧压力过小 （2）触头上有油污，或表面高低不平，金属颗粒突出 （3）环境温度过高或使用在密闭的控制箱中 （4）铜触头用于长期工作制 （5）触头的超程太小	（1）调高触头弹簧压力 （2）清理触头表面 （3）接触器降容使用 （4）接触器降容使用 （5）调整触头超程或更换触头
短时工作制内触头过度磨损	（1）接触器选用欠妥，在以下场合时，容量不足： ① 反接制动 ② 有较多密接操作 ③ 操作频率过高 （2）三相触头不同时接触 （3）负载侧短路 （4）接触器不能可靠吸合	（1）接触器降容使用或改用适于繁重任务的接触器 （2）调整至触头同时接触 （3）排除短路故障，更换触头 （4）见吸不牢的处理办法
相间短路	（1）可逆转换的接触器联锁不可靠，由于误动作，致使两台接触器同时投入运行而造成相间短路，或因接触器动作过快，转换时间短，在转换过程中发生电弧短路 （2）尘埃堆积或粘有水气、油垢、使绝缘变坏 （3）产品零部件损坏（如灭弧罩碎裂）	（1）检查电气联锁与机械联锁；在控制线路上加中间环节延长可逆转换时间 （2）经常清理，保持清洁 （3）更换损坏零部件

8）继电器的常见故障及修理方法

（1）电磁系统铆装件变形。

铆装后零件的弯曲、扭斜、墩粗等给下道工序的装配或调整造成困难，甚至会造成报废。产生这种问题的原因主要是被铆零件超长，过短或铆装时用力不均匀，模具装配偏差或设计尺寸有误，零件放置不当等。在进行铆装时，操作工人应当首先检查零部件尺寸、外形以及模具是否准确，如果模具未装到位就会影响电磁系统的装配质量或铁心变形、墩粗。

（2）触点松动或开裂。

触点是继电器完成切换负荷的电接触零件，有些产品的触点是靠铆装压配合的，其主要的弊病是触点松动、触点开裂或尺寸位置偏差过大。这将影响继电器的接触可靠性。出现触点松动是簧片与触点的配合部分尺寸不合理或操作者对铆压力调节不当造成的。触点制造时不应出现铆偏、损伤及不饱满现象。触点铆偏是操作者将模具未对正确，上下模有错位造成的。触点损伤、污染是未清理干净模具上的油污和铁屑等物造成的。无论是何种弊病，都将影响继电器工作的可靠性。因此，在触点制造、铆装或电焊过程中，要遵守首件检查、中间抽样和最终检查的自检规定，以提高装配质量。触点开裂是材料硬度过高或压力太大造成的。对于不同材料的触点采用不同材料的工艺，有些硬度较高的触点材料应进行退火处理，在进行触点制造、铆压或电焊中，触点制造应细心，由于材料有公差存在，因此每次切断长度应试模后决定。

（3）继电器的线圈故障。

继电器用的线圈种类繁多，有外包的、也有无外包的。线圈都应单件隔开放置在专用器具中，如果碰撞交连，在分开时会造成断线。在电磁系统铆装时，手扳压床和压力机压力调整应适中，压力太大会造成线圈断线或线圈架开裂、变型、绕组击穿。压力太小又会造成绕线松动，磁损增大。多绕组线圈一般是用颜色不同引线做头。焊接时，应注意分辨，否则将会造成线圈焊错。有始末端要求的线圈，一般用做标记的方法标明始末端。装配和焊接时应注意，否则会造成继电器极性相反。

（4）玻璃绝缘子损伤。

玻璃绝缘子是由金属插脚与玻璃烧结而成的，在检查、装配、调整、运输、清洗时容易出现插脚弯曲，玻璃绝缘子掉块、开裂，而造成漏气并且绝缘及耐压性能下降，插脚转动还会造成接触簧片移位，影响产品可靠通断。这就要求装配的操作者在继电器生产的整个过程中要轻拿轻放，零部件应整齐排列放在传递盒内，装配或调整时，不允许扳动或扭转引出脚。

（5）继电器误动作。

这种故障的原因是：整定值偏小，以致提前动作；操作频率过高，使继电器经常受启动电流冲击；使用场所强烈的冲击和振动，使继电器动作机构松动而脱扣；另外如果连接导线太细也会引起继电器误动作。针对上述故障现象应调换适合上述工作性质的继电器，并合理调整整定值或按技术条件规定更换标准导线。

（6）继电器不动作。

由于整定值偏大，以致长时间不动作；触头接触不良、动作机构卡阻、零部件损坏等原因，使继电器不动作。根据上述原因，可进行针对性修理：采用合理调整整定值，消除接触不良、卡阻因素或更换产品等办法进行维修。

（7）继电器参数不稳定。

电磁继电器的零部件许多部分是铆装配合的，存在的主要问题是铆装处松动或结合强度差。这种毛病会使继电器参数不稳定，高低温下参数变化大，抗机械振动、抗冲击能力差。造成这种毛病的原因主要是被铆件超差、零件放置不当、工模具质量不合格或安装不准确。因此，在铆焊前要仔细检验工模具和被铆零件是否符合要求。

（8）继电器的散热问题。

继电器中的常见时间继电器，如 JS20-01 晶体管时间继电器导通时的发热量因型号不同而有异，一般印制电路板使用的固态继电器的电流容量不大于 5 A，导通时产生的热量不大，可以不加散热器，自然散热。装置式的固态继电器在应用于 10 A 以下的电流容量时，可以安装在散热较好的金属平板上，自然散热；10 A 以上的电流容量，需加散热器，自然风冷；额定电流大于 30 A 时需加散热器并强行风冷。

项目二

三相交流电动机的拆装与检修

任务一　三相异步电动机的基本结构与基本工作原理

一、电动机的种类

1. 按工作电源分类

根据电动机工作电源的不同，可分为直流电动机和交流电动机。其中交流电动机还分为单相电动机和三相电动机。

2. 按结构及工作原理分类

电动机按结构及工作原理可分为异步电动机和同步电动机。同步电动机还可分为永磁同步电动机、磁阻同步电动机和磁滞同步电动机。异步电动机可分为感应电动机和交流换向器电动机。感应电动机又分为三相异步电动机、单相异步电动机和罩极异步电动机。交流换向器电动机又分为单相串励电动机、交直流两用电动机。

3. 按启动与运行方式分类

电动机按启动与运行方式可分为电容启动式电动机、电容运行式电动机、电容启动运转式电动机和分相式电动机。

4. 按用途分类

电动机按用途可分为驱动用电动机和控制用电动机。驱动用电动机又分为电动工具（包括钻孔、抛光、开槽、切割、扩孔等工具）用电动机、家电（包括洗衣机、电风扇、电冰箱、影碟机、吸尘器、照相机、电动剃须刀等）用电动机及其他通用小型机械设备（包括各种小型机床、小型机械、医疗器械、电子仪器等）用电动机。控制用电动机又分为步进电动机和伺服电动机等。

5. 按转子的结构分类

电动机按转子的结构可分为笼型感应电动机（旧标准称为鼠笼型异步电动机）和绕线转子感应电动机（旧标准称为绕线型异步电动机）。

6. 按运转速度分类

电动机按运转速度可分为高速电动机、低速电动机、恒速电动机、调速电动机。

其中，异步电动机具有结构简单、工作可靠、使用和维修方便等优点，因此，在生产和生活中得到广泛运用。

二、三相异步电动机的结构

三相异步电动机主要由静止的定子和转动的转子两大部分组成。定子、转子之间还必须有一定间隙（称为空气隙），以保证转子的自由转动。异步电动机的空气隙较其他类型的电动机气隙要小，一般为 0.2 ~ 2 mm。

三相异步电动机外形有开启式、防护式、封闭式等多种形式，以适应不同的工作需要。在某些特殊场合，还有特殊的外形防护型式，如防爆式、潜水泵式等。无论外形如何电动机结构基本上是相同的。现以封闭式电动机为例介绍三相异步电动机的结构。如图 2-1 所示是一台封闭式三相异步电动机解体后的零部件图。

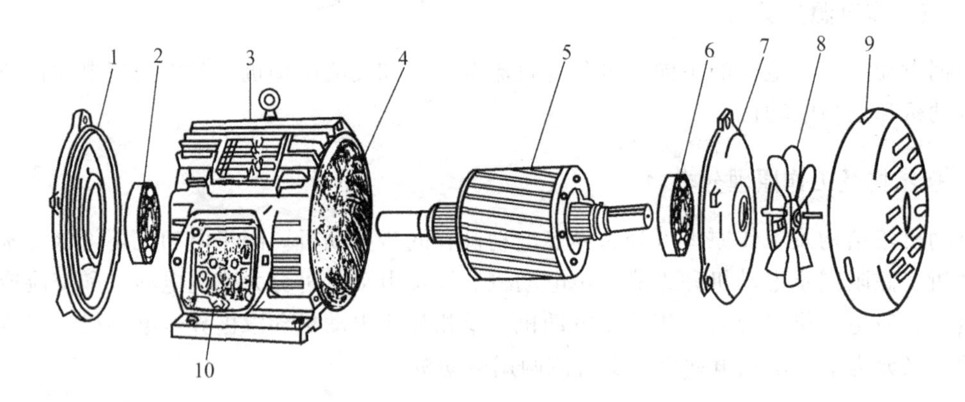

图 2-1　封闭式三相异步电动机的结构

1—端盖；2—轴承；3—机座；4—定子绕组；5—转子；
6—轴承；7—端盖；8—风扇；9—风罩；10—接线盒

1. 定子部分

定子部分由机座、定子铁心、定子绕组、端盖和轴承等部件组成。

1）机座

机座用来支承定子铁心和固定端盖。中、小型电动机机座一般用铸铁浇成，大型电动机多采用钢板焊接而成。

2）定子铁心

定子铁心是电动机磁路的一部分。为了减小涡流和磁滞损耗，通常用 0.5 mm 厚的硅钢片叠压成圆筒，硅钢片表面的氧化层（大型电动机要求涂绝缘漆）作为片间绝缘，在铁心的内圆上均匀分布着与轴平行的槽，用以嵌放定子绕组。

3）定子绕组

定子绕组是电动机的电路部分，也是最重要的部分，一般是由绝缘铜（或铝）导线绕制的绕组连接而成。它的作用就是利用通入的三相交流电产生旋转磁场。通常，绕组是用高强度绝缘漆包线绕制成各种型式的绕组，按一定的排列方式嵌入定子槽内。槽口用槽楔（一般为竹制）塞紧。槽内绕组匝间、绕组与铁心之间都要有良好的绝缘。如果是双层绕组（就是一个槽内分上下两层嵌放两条绕组边），还要加放层间绝缘。

4）轴承

轴承是电动机定、转子衔接的部位，轴承有滚动轴承和滑动轴承两类，滚动轴承又叫滚珠轴承（也称为球轴承），目前多数电动机都采用滚动轴承。这种轴承的外部有贮存润滑油的油箱，轴承上还装有油环，轴转动时带动油环转动，把油箱中的润滑油带到轴与轴承的接触面上。

2. 转子部分

转子是电动机中的旋转部分（如图 2-1 中的部件 5），一般由转轴、转子铁心、转子绕组、风扇等组成。转轴用碳钢制成，两端轴颈与轴承相配合。出轴端铣有键槽，用以固定皮带轮或联轴器。转轴是输出转矩、带动负载的部件。转子铁心也是电动机磁路的一部分。由 0.5 mm 厚的硅钢片叠压成圆柱体，并紧固在转子轴上。转子铁心的外表面有均匀分布的线槽，用以嵌放转子绕组。

三相交流异步电动机按照转子绕组形式的不同，一般可分为笼型异步电动机和绕线型异步电动机。

1）笼型转子

笼型转子线槽一般都是斜槽（线槽与轴线不平行），目的是改善启动与调速性能。其外形如图 2-1 中的部件 5；笼型绕组（也称为导条）是在转子铁心的槽里嵌放裸铜条或铝条，然后用两个金属环（称为端环）分别在裸金属导条两端把它们全部接通（短接），即构成了转子绕组；小型笼型电动机一般用铸铝转子，这种转子是用熔化的铝液浇在转子铁心上，导条、端环一次浇铸出来。如果去掉铁心，整个绕组形似鼠笼，所以得名笼型绕组，如图 2-2 所示，其中图（a）为笼型直条形式，图（b）为笼型斜条形式。

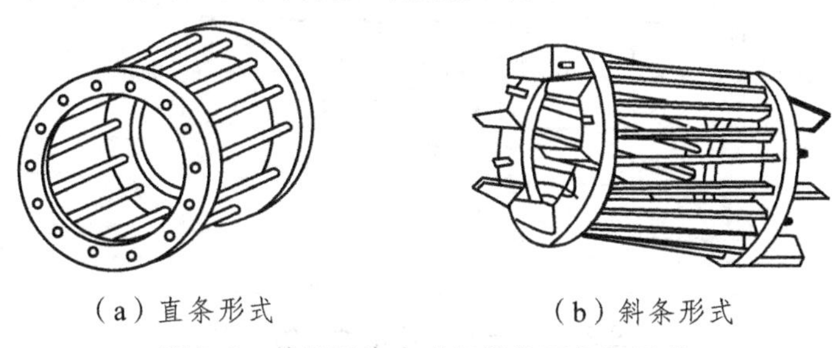

（a）直条形式　　（b）斜条形式

图 2-2　笼型异步电动机的转子绕组形式

2）绕线型转子

绕线型转子绕组与定子绕组类似，由镶嵌在转子铁心槽中的三相绕组组成。绕组一般采用星形连接，三相绕组绕组的尾端接在一起，首端分别接到转轴上的 3 个铜滑环上，通过电刷把 3 根旋转的线变成了固定的线，与外部的变阻器连接，构成转子的闭合回路，以便于控制，如图 2-3 所示。

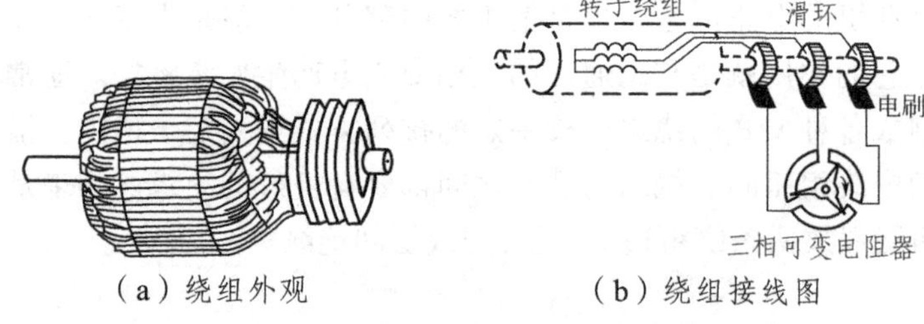

（a）绕组外观　　（b）绕组接线图

图 2-3　绕线式异步电动机的转子

两种转子相比较，笼型转子结构简单，造价低廉，并且运行可靠，因而应用十分广泛。绕线型转子结构较复杂，造价也高，但是它的启动性能较好，并能利用变阻器阻值的变化，使电动机能在一定范围内调速；在启动频繁、需要较大起动转矩的生产机械（如起重机）中常常被采用。

3. 风扇

电动机转子上还装有风扇或风翼（如图 2-1 中部件 8），便于电动机运转时通风散热。铸铝转子一般是将风翼和导条一起浇铸出来，如图 2-2（b）所示。

三、三相异步电动机的铭牌参数

在电动机机座上（定子外壳）都有一个铭牌，如同人的身份证，它标记着电动机的型号、各种额定值和连接方法等。

下面我们以图 2-4 为例说明三相交流电动机铭牌各种数据的含义。型号用来表明电动机类型、规格、结构特征和使用范围等。一般用大写印刷体的汉语拼音字母和阿拉伯数字组成。

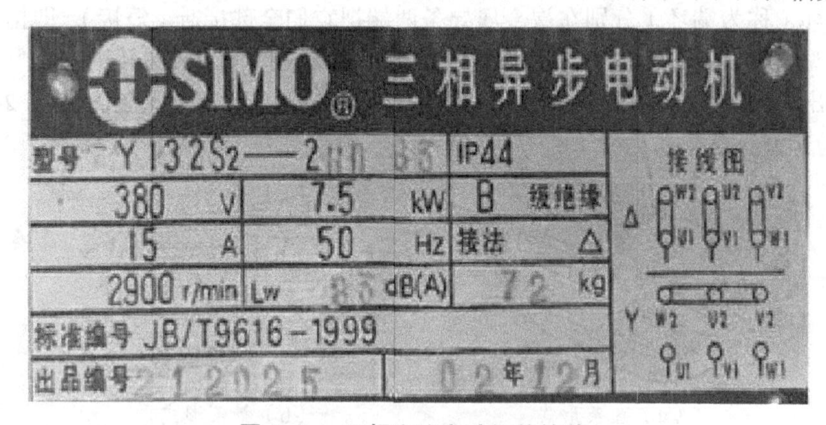

图 2-4　三相交流电动机的铭牌

目前市场上主要使用的异步电动机产品有：

1. Y 系列

一般小型全封闭自冷式三相异步电动机。主要用于金属切削机床、通用机械、矿山机械和农业机械等。

2. YD、YR 和 YB 系列

YD 系列为变极多速三相异步电动机；YR 系列为三相绕线式异步电动机；YB 系列为防爆型鼠笼式异步电动机。

3. YZ 和 YZR 系列

起重和冶金用三相异步电动机，YZ 为鼠笼式；YZR 为绕线式。我国生产的异步电动机种类很多，有老系列和新系列之分。目前老系列虽然已停产，但依然在使用。

此外，铭牌上还标明绕组的相数与接法（如图 2-4 接法为三角形）、绝缘等级及温升等。对绕线转子异步电动机，还应标明转子的额定电动势及额定电流、噪音量（表示电动机运转时带来的噪音，单位是 dB）、电动机绝缘等级等。

四、三相异步电动机的工作原理

三相异步电动机之所以能转动，重要的原因是因为定子绕组通以三相交流电流后产生了旋转磁场。要搞清这个问题，我们还需要了解三相交流电动机定子绕组的结构与特点。

1. 三相异步电动机定子绕组的结构

在三相异步电动机的定子铁心上按一定规律分布着完全相同的三组线圈，称为三相绕组。每一组绕组都有若干个线圈按一定方式连接而成。异步电动机定子绕组的线圈有很多种形状，但应用最多的是叠形绕线圈和波形线圈，小型异步电动机一般采用叠形线圈。如图 2-5 所示为三相异步电动机叠形线圈和波形线圈的示意图。

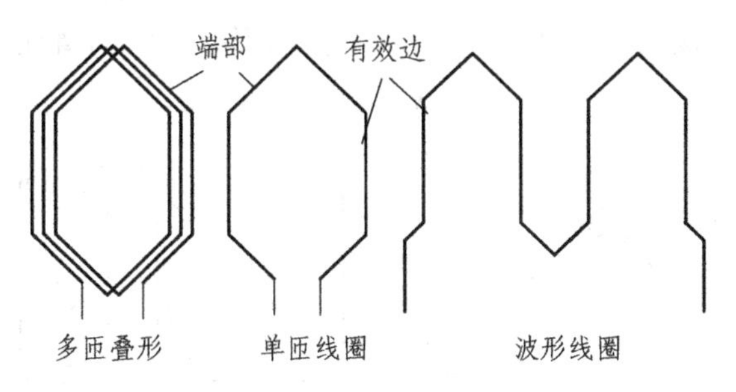

图 2-5　几种定子线圈的形状

如图 2-6 所示为三相异步电动机定子绕组实际展开图。电动机定子绕组的连接比较复杂，从实物展开图中无法看出绕组的连接特点。

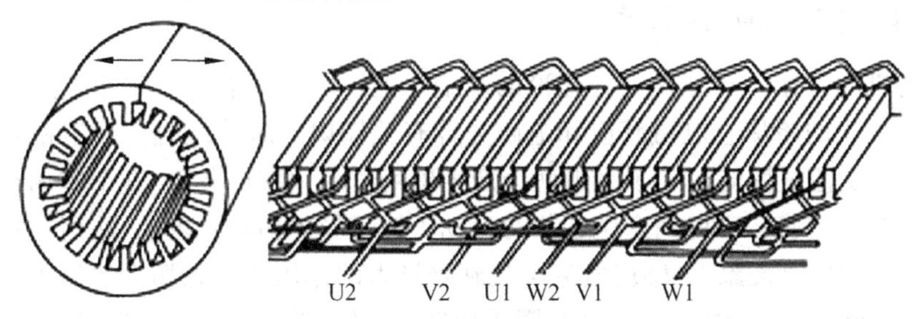

图 2-6　三相异步电动机定子绕组实际展开图

为了便于分析，通常我们采用绕组的展开图画法。如图 2-7 所示为图 2-6 三相异步电动机定子绕组展开图。

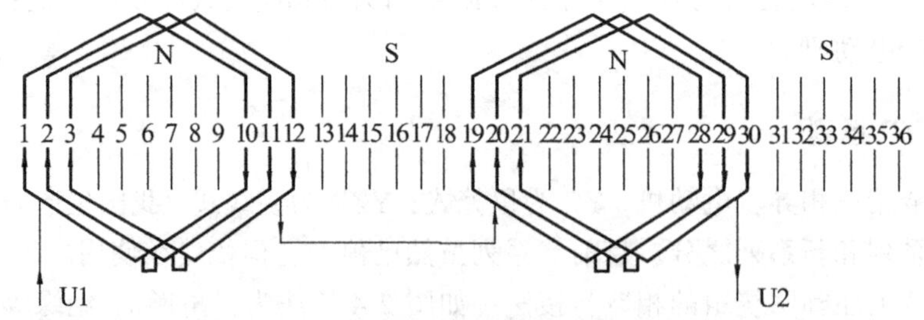

图 2-7　四极 36 槽定子绕组展开图（叠形绕组/单层线圈）

一台四极 36 槽异步电动机定子 U 相绕组的展开图。通常只需画一相就可以了，因为其他两相只是位置不同而已。从图上可以看出该电动机定子 36 个槽，由于是单层分布，因此每相绕组共由 6 个叠形线圈串联而成，当通入电流后将在气隙中产生四极磁场。

三相异步电动机上有一个接线盒，每相定子绕组的首尾端全部引到了接线盒中，打开线盒后通常我们会看到有六个接线端（个别只有三个接线端）。其上的标号分别是 U1-U2（A 相绕组的首尾端）、V1-V2（B 相绕组的首尾端）和 W1-W2（C 相绕组的首尾端）。

电动机定子绕组在接入三相交流电之前必须先接成星形（Y）或三角形（△），具体接法要根据电动机铭牌上的参数而定。

（1）星形（Y）接法。将三相绕组的尾端连接在一起，首端分别接三相电源。即 U2、V2、W2 短接，U1、V1、W1 接电源 A、B、C 三相。

（2）三角形（△）接法。将三相绕组的首尾端连接在一起，即 U1-W2、V1-U2、W1-V2 相连，然后将三个接点接到电源上。

如图 2-8 所示为三相异步电动机定子绕组不同接法时接线盒实物图和内部绕组连接示意图，其中图（a）为 Y 形接法时的情况，图（b）为△形接法时的情况。

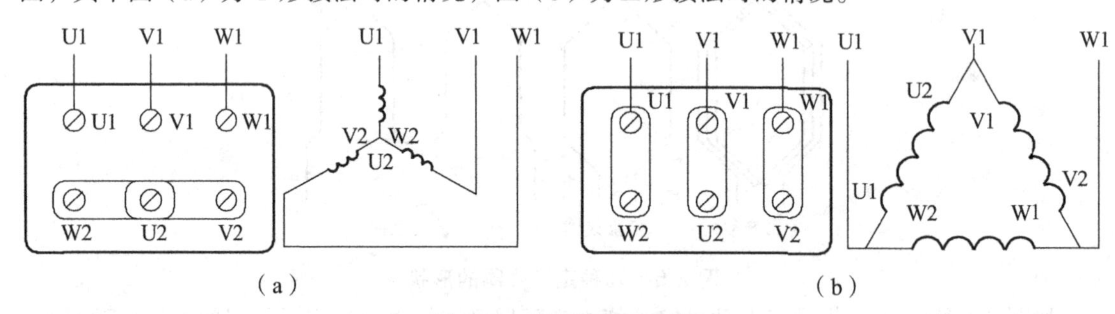

图 2-8　定子绕组连接图

2. 三相异步电动机的工作原理

异步电动机的工作是建立在电磁理论的基础之上。要想弄清楚工作原理这个问题，就有必要先搞清楚电流的磁场、电磁感应和电磁力等有关知识。简单地说，当三相异步电动机定子绕组通以三相交流电流时，定子绕组就会产生磁场（电生磁现象），这个磁场是旋转的；于是电动机转子绕组与旋转磁场间产生了相对运动（转子导体切割磁场），从而在转子绕组中产生感应电流（动磁生电现象），感应电流又受到磁场力的作用并在磁场力的作用下产生旋转运动。在如图 2-9 所示的实验中，当摇动线圈手柄使 U 型磁铁转动时，就形成了一个旋转磁场，在这个旋转磁场内的封闭笼子（线圈）就会顺着旋转磁场的方向转动起来。

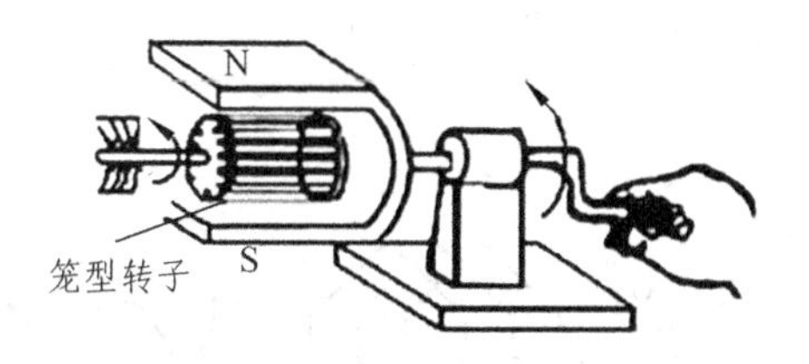

图 2-9　异步电动机原理实验

上述即为三相异步电动机的工作原理，那么到底怎么解释这种现象呢？

图 2-10 可以帮助理解三相异步电动机的工作原理。当磁极（N-S）以 n_0 的速度顺时针转动时，转子槽中的导体（只分析①和②两根）就以与 n_0 相反的运动切割磁场，根据右手定则可以知道导体中的感应电流如图中所示，而该电流又受到磁场力的作用，其方向可用左手定则判断。于是电动机转子就顺着旋转磁场的方向转动起来。三相异步电动机的磁场不是用永久磁铁产生的，而是定子绕组上的线圈通以交流电流后产生的。

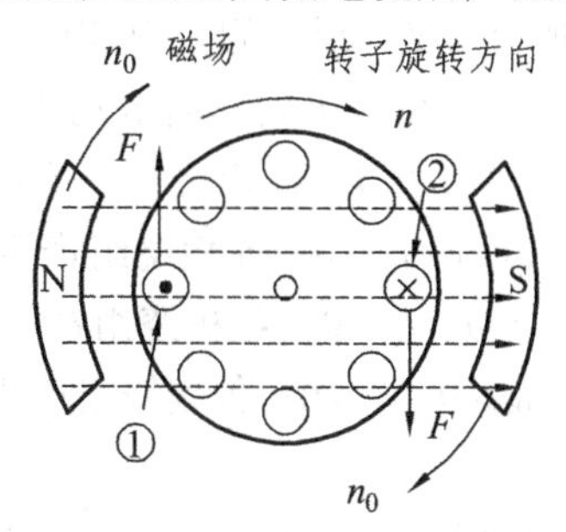

图 2-10　异步电动机原理

可以说定子是用来产生磁场的，而转子则是产生感应电流以及磁场力的部件。我们可以把三相异步电动机的工作原理总结为如图 2-11 所示的框图。

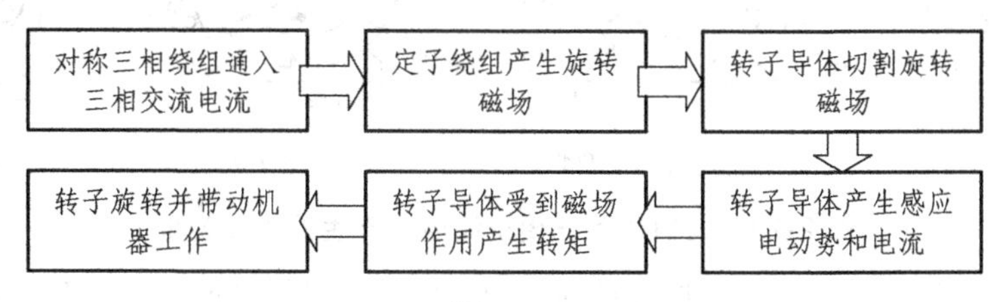

图 2-11

从上述分析可以知道，旋转磁场是三相异步电动机转动的关键，那么旋转磁场又是怎么产生的呢？

三相异步电动机旋转磁场形成的过程比较复杂，也比较抽象。下面以电动机模型，也就是每相绕组仅有一个线圈的异步电动机为例进行分析，这样便更加清楚地理解旋转磁场的形成。

电动机模型是指简化后的电动机。尽管模型与实际电动机在结构上有区别，但它们的电磁特点和工作原理完全相同，因此通过对模型的分析可以了解实际电动机的基本情况。

如图 2-12（a）和（b）所示为一台两极三相异步电动机的模型及绕组展开图，它的每相绕组仅由一个线圈构成。当定子绕组通以三相正弦交流电流后，我们来分析旋转磁场的产生过程。图 2-12（c）为三相对称交流电流波形。电流的表达式分别为：

$$
\begin{cases}
i_a = I_m \sin\omega t \\
i_b = I_m \sin(\omega t + 120°) \\
i_c = I_m \sin(\omega t + 240°)
\end{cases}
$$

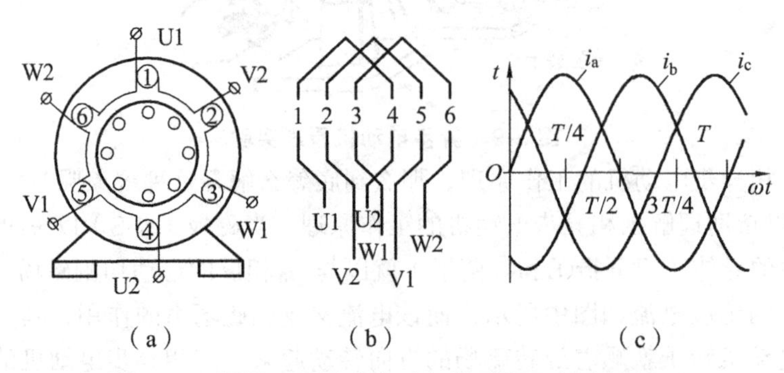

图 2-12　两极三相异步电动机模型及三相电流波形

异步电动机定子绕组已经接成星（Y）形，假设电流流入绕组首端为正。如图 2-13 所示为三相定子绕组通入正弦交流电流时，在一个周期内电动机定子绕组产生的磁场的变化情况：

（1）在 $\omega t=0$ 时刻。$i_a=0$、$i_b<0$、$i_c>0$；各相绕组产生的合成磁场如图 2-13（a）所示。

（2）在 $\omega t=T/4$ 时刻。$i_a>0$、$i_b<0$、$i_c<0$；各相绕组产生的合成磁场如图 2-13（b）所示。

（3）在 $\omega t=T/2$ 时刻：$i_a=0$、$i_b>0$、$i_c<0$；各相绕组产生的合成磁场如图 2-13（c）所示。

（4）在 $\omega t=3T/4$ 时刻：$i_a<0$、$i_b>0$、$i_c>0$；各相绕组产生的合成磁场如图 2-13（d）所示。

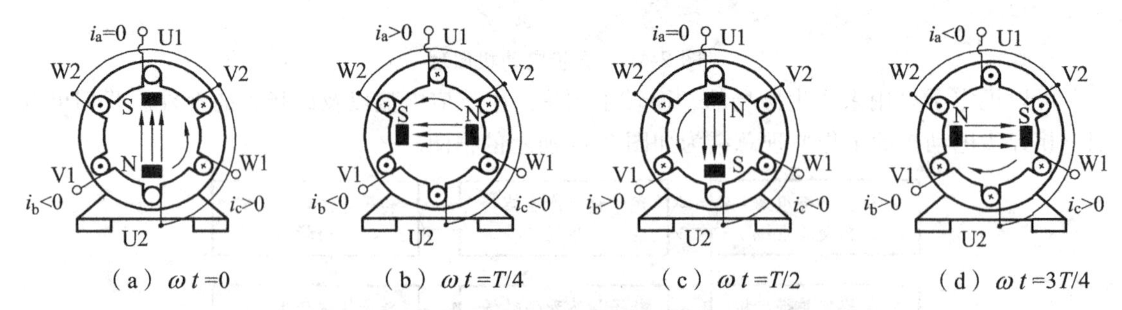

（a）$\omega t=0$　　（b）$\omega t=T/4$　　（c）$\omega t=T/2$　　（d）$\omega t=3T/4$

图 2-13　绕组通入三相交流电后产生的旋转磁场

上面我们虽然只分析了一个周期中的 4 个时刻对应的磁场的情况，但可以由此得出，磁场按逆时针方向不断旋转，且只要三相电流不中断，磁场将不断旋转下去。

五、三相异步电动机旋转磁场的方向

旋转磁场的速度由电动机的极对数和电源频率决定，那么旋转方向由什么决定呢？下面以两极电动机模型为例进行分析。为了分析方便，将二极电动机模型及通入的三相交流电流波形重画如图 2-14 所示。在图 2-12 中，电动机三相绕组所加电源的相序为：U 相绕组电流超前 V 相绕组电流 120°，V 相绕组电流超前 W 相绕组电流 120°。也就是说电源的相序为 U→V→W。在图 2-14 中，电动机三相绕组所加电源的相序为：U 相绕组电流超前 W 相绕组电流 120°，W 相绕组电流超前 V 相绕组电流 120°。即电源的相序为 U→W→V。

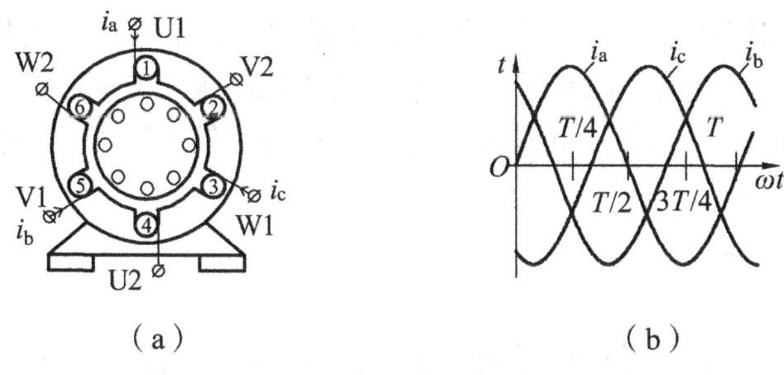

图 2-14　两极电机模型及电流波形

在图 2-15 中电动机定子绕组已经接成星（Y）形，假设流入绕组首端的电流为正。在一个周期内电动机定子绕组产生的磁场的变化情况如下：

（1）在 $\omega t=0$ 时刻，各相绕组产生的合成磁场的方向如图 2-15（a）所示；

（2）在 $\omega t=T/4$ 时刻，各相绕组产生的合成磁场的方向如图 2-15（b）所示；

（3）在 $\omega t=T/2$ 时刻，各相绕组产生的合成磁场的方向如图 2-15（c）所示。

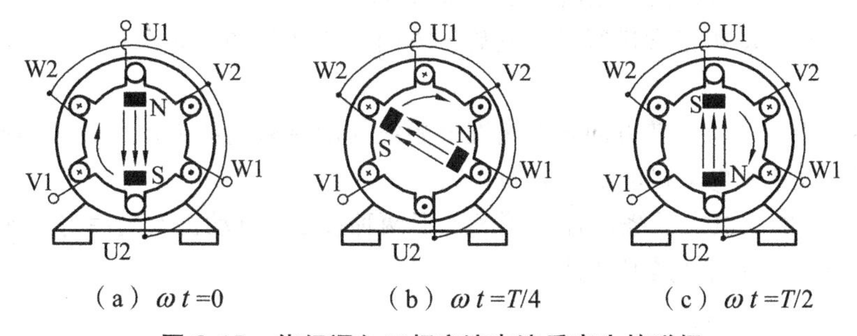

（a）$\omega t=0$　　（b）$\omega t=T/4$　　（c）$\omega t=T/2$

图 2-15　绕组通入三相交流电流后产生的磁场

通过分析一个周期内不同时刻的磁场方向，不难发现，此时磁场的旋转方向是顺时针方向，与图 2-13 时的情况正好相反。在作以上分析时，可将图 2-15 与图 2-13 作比对。图 2-13 与图 2-15 两种情况的区别仅仅在于加到定子绕组上的电源的相序不同，因此可以得出以下结论：旋转磁场的方向由施加在电动机上的电源相序决定，改变施加在定子绕组上的电源相序就可以改变旋转磁场的方向。由于电动机旋转的方向与旋转磁场的方向一致，因此要改变电动机的旋转方向，只需要把三根电源线中的任意两根对调即可。

六、三相异步电动机的旋转速度

电动机转子因受到电磁力的作用而旋转，转子受到电磁力的原因是由于转子导体中有感应电流存在，而转子中产生的电流又是因为转子与同步转速之间有相对运动，即转子导体在切割磁场。那么旋转磁场的速度是多少呢？

如果说电动机的旋转速度 n 与同步转速 n_0 相等，那么转子与旋转磁场之间的相对运动就不存在了，即转子导体不再切割磁场，转子导体中的电流就会消失，从而使转子上的电磁力消失，电动机会停止运行，显然这与我们看到的电动机连续运行的现象是不相符的。因此电动机工作时的转速与同步转速是不相等的。

要保持电动机稳定旋转，电动机的转速 n（也就是转子的转速）不可能与旋转磁场的速度 n_0 相同，一定是有“异”于旋转磁场的速度，这样转子才能产生持续不断的电磁力推动电动机转动。异步电动机的转速“异”于同步转速这正是“异步电动机”名称的由来。

通过以上的分析不难明白，同步转速 n_0 与电动机的转速 n 有差异是异步电动机运行的必要条件。通常把同步转速 n_0 与转子转速 n 二者之差称为“转差”，“转差”与同步转速 n_0 的比值称为转差率，用 s 表示：

$$s=\frac{n_0-n}{n_0}$$

转差率 s 是三相异步电动机运行时的一个重要物理量，当同步转速 n_0 一定时，转差率的数值与电动机的转速 n 相对应，正常运行的异步电动机，一般 $s=0.01\sim0.05$，$n\approx(0.99\sim0.95)n_0$，非常接近同步转速。

综合前面所述，三相异步电动机具有以下特点：

（1）同步转速的大小正比于电源频率、反比于电动机极对数。改变电动机电源的相序可以改变旋转磁场的旋转方向。

（2）三相异步电动机的极对数由定子绕组结构决定。

（3）三相异步电动机正常运行时，其旋转方向与旋转磁场方向一致，但速度略低于同步转速。

（4）三相异步电动机旋转方向正常情况下始终与旋转磁场的方向一致，因此改变了旋转磁场的方向也就改变了电动机的旋转方向。

（5）三相异步电动机定子绕组有Y形和△形两种接法，电动机的接法与施加的电压有关。在使用电动机前一定要看清楚其接法。

任务二　三相异步电动机的检修

一、三相异步电动机日常巡检

电动机日常维护检查的要点是及早发现设备的异常状态，及时进行处理，防止事故扩大。维护人员根据继电器保护装置的动作和信号可以发现异常现象，也可以依靠维护人员的经验来判断事故。通过一看二听三嗅四触来具体进行检查：

1. 外观检查

首先是外观检查，靠视觉可以发现下列异常现象：电动机外部紧固件是否松动，零部件是否有损坏，设备表面是否有油污、腐蚀现象。电动机的各接触点和连接处是否有变色、烧痕和烟迹等现象，产生这些现象的原因是由于电动机局部过热、导体接触不良或绕组烧毁等。

2. 用听音棒检查

采用听音棒靠听觉可以听到电动机的各种杂音（见图2-16），其中包括电磁噪声、通风噪声、机械摩擦声、轴承杂音等，从而可判断出电动机的故障原因。引起噪声大的原因，在机械方面有轴承故障、机械不平衡、紧固螺钉松动、联轴器连接不符要求、定转子铁心相擦等；在电气方面有电压不平衡、单相运行、绕组有断路或击穿故障、启动性能不好、加速性能不好等。

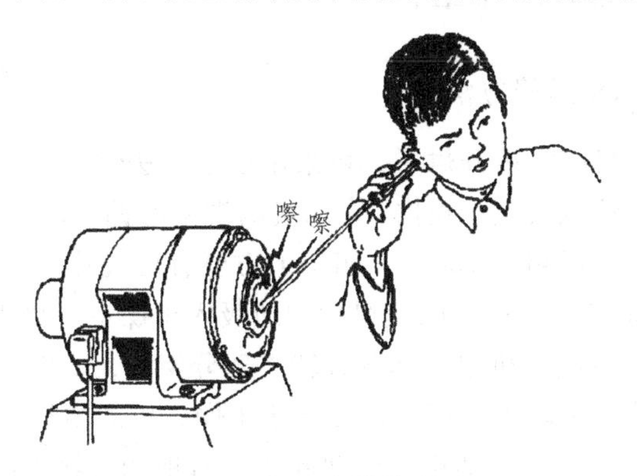

图 2-16 听音棒检查法

3. 靠嗅觉检查

靠嗅觉可以发现焦味、臭味。造成这种现象的原因是：电动机过热、绕组烧毁、单相运行、润滑不好、轴承烧毁、绕组击穿等。

4. 靠触觉检查

靠触觉用手摸机壳表面可以发现电动机的温度过高和振动现象。造成振动的原因是：机械负载不平衡、各紧固零部件有松动现象、电动机基础强度不够、联轴点连接不当、气隙不均或混入杂物、电压不平衡、单相运行、绕组故障、轴承故障等。造成电动机温度过高的原因是：过载、冷却风道堵塞、单相运行、匝间短路、电压过高或过低、三相电压不平衡、加速特性不好使启动时间过长、定转子铁心相擦、启动器连接不良、频繁启动和制动或反接制动、进口风温过高、机械卡住等。用手摸电动机表面估计温度高低时，由于每个人的感觉不同，带有主观性，因此要由经验来决定。

电机外壳表面温度与手感关系说明如表 2-1 所示。

表 2-1 电机外壳表面温度与手感关系说明

温度	手感	说明
30°C	稍冷	机壳比体温低，故感觉比体温低
40°C	稍温	感到温和
45°C	温和	用手一摸，就感到暖和
50°C	稍热	长时间用手摸时，手掌变红
55°C	热	仅能用手摸 5～6 s
60°C	甚热	仅能用手摸 3～4 s
65°C	非常热	仅能用手摸 2～3 s，离开后还感到手热
70°C	非常热	用一个手指触摸，只能坚持 3 s 左右
75°C	极热	用一个手指触摸，只能坚持 1～2 s 左右
80°C	极热	以为电机烧毁　手指稍触便热想离开
80～90°C	极热	疑为电机烧毁　用手指稍触摸一下就感到烫得不得了

注：当机壳为钢板时，每种温度均应减去 5°C。

二、三相异步电动机日常维修方法

1. 受潮三相异步电动机维修方法

（1）受潮严重的电动机必须拆开烘干，可采用如下方法烘干：

① 灯泡干燥法，将电动机放置于箱内，在电机两端中心偏下放置 2 只 200 W 左右的灯泡，不能靠近绕组，箱内温度不得超过 100°C，箱子上方要有出气孔。

② 热风法：用风机将发热器产生的热风均匀地吸入干燥室，烘干电动机绕组。

③ 电、煤炉烘干法：将电动机定子部分或转子部分架空，下面放一只电炉（煤炉），电炉上用薄铁板隔开间接加热。一般不采用电流加热法干燥，以防绕组短路。

（2）烘干后，用兆欧表测量电动机绕组间和绕组对地的绝缘电阻，绕线式转子电动机还要检查转子绕组及滑环之间的绝缘电阻，绝缘电阻应大于 0.5 MΩ 方可使用（测量方法见图 2-17）。

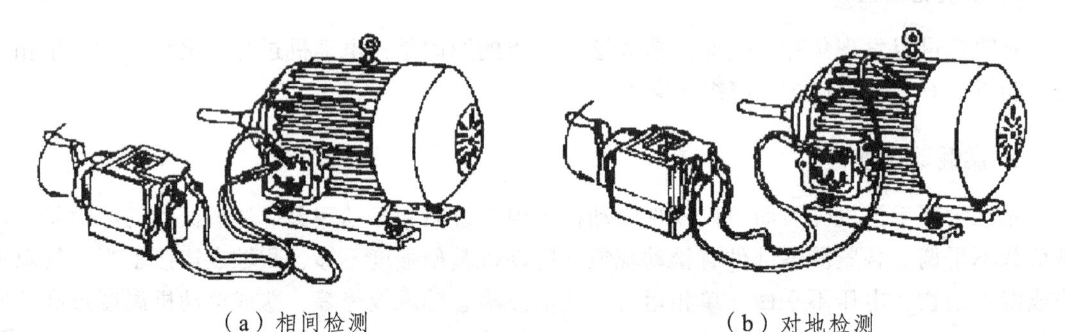

（a）相间检测　　（b）对地检测

图 2-17　利用兆欧表对电动机的绝缘值进行测量

（3）检查轴承，更换润滑脂或润滑油。

（4）检查、清理电动机内部、外部杂物。绕线式电动机还应检查滑环水垢和脏物，电刷提升机构是否锈蚀卡死，电刷压力是否正常，电刷与滑环表面是否贴紧等。

经上述清理、检查、保养、维修后，方可使用。电动机启动后应空转一段时间，并注意轴承温升，还应注意是否有不正常噪音、振动和局部发热等现象，如有不正常现象，须消除后才可投入正常运行。

2. 绕组表面灰尘的消除与清洗

首先用压缩空气对灰尘进行吹扫（见图 2-18）。为防止损伤绕组绝缘，压缩空气的压力应控制在 0.2 ~ 0.3 MPa 以内。然后用棕刷或其他软毛刷清除绕组表面和缝隙中的脏物。每刷 1 次，用压缩空气吹扫一次，直至绕组清洁为止，最后用清洁柔软的棉布将绕组表面擦拭干净。

三、分析三相异步电动机故障原因

1. 根据绕组烧坏特征分析故障原因

1）相间短路

如果在短路处发现爆断现象，该处熔断很多导线，附近有很多熔化的铜屑，而其他线圈组或另一端部均无烧焦痕迹，则可断定绕组烧坏是由于相间短路造成的。

图 2-18 用压缩空气对回程进行吹扫

2）缺相运行

由于缺相运行而烧坏电动机绕组，其损坏特征一般很明显。拆开电动机前盖，如果看到绕组端部的 1/3 或 2/3 的极相组烧黑或变为深棕色，而其余两相或一相绕组完好无损，则可断定绕组烧坏是缺相运行造成的。

3）匝间短路

由于匝间短路而烧坏的电动机绕组，其损坏特征比较明显，如果在线圈的端部可以清楚地看到有几匝或一卷、一极极组烧焦，电磁线被烧成裸铜线，而短路部分以外的本相或其他两相线圈却比较完好或稍微烧焦，则可断定绕组烧坏是匝间短路造成的。

2. 以声音判断电动机的故障隐患

1）铁心松动

电动机由于制造质量、搬运及运行振动、温度变化引起零件收缩和膨胀等，都有可能使定子铁心与壳体间发生位移或产生变形，引起铁心硅钢片松动。一旦出现松动，在涡流与交变磁通的作用下，发出较大的电磁噪音。此时电动机的电流比正常时的电流要大，温度增高，时间一长电动机就会过热，若不能及时采取措施，就有可能烧毁电机。

2）气隙不均匀

转子与定子之间的气隙不均匀也会加大噪音，其声音高低呈周期性变化。此时应首先检查轴承，看转子两端支承轴承有无磨损而引起轴线偏斜，倘若出现磨损和偏移，则电动机运行中势必会使转子外圆与定子内圆不同轴，导致气隙不均，引起噪音增大、声响起伏，轻者影响电动机的运行稳定性，重者引起事故。

3）三相电流不平衡

三相异步电动机三相电流不平衡也会引起电动机故障，主要原因有：绕组接地、电压不平衡、短路、断路和转子断条等，它会使电动机电流增大，输出功率减小，出现周期性的电磁噪音等。

实训 2-1　三相异步电动机的拆装

正确的拆装电动机是保证维修质量的前提，在拆卸时，可以同时进行检查和测量，并做好记录。

1. 三相异步电动机拆卸前应做好的准备工作

（1）切断电源，拆开电动机与电源连接线，并对电源线头做好绝缘处理。

（2）记录机座的负荷端与非负荷端，标注出线口方向。

（3）测量并记录联轴器与轴台间距离。

（4）标注端盖的负荷端及非负荷端。

（5）对集电环式异步电动机，应记录好刷握的位置。在拆卸前后记录好电动机的各特征位置，不可盲目动手，应多观察，多用脑。

2. 三相异步电动机拆卸步骤及主要零部件的拆卸方法

三相异步电动机的拆卸元件如图 2-19 所示，拆卸步骤如表 2-2 所示。

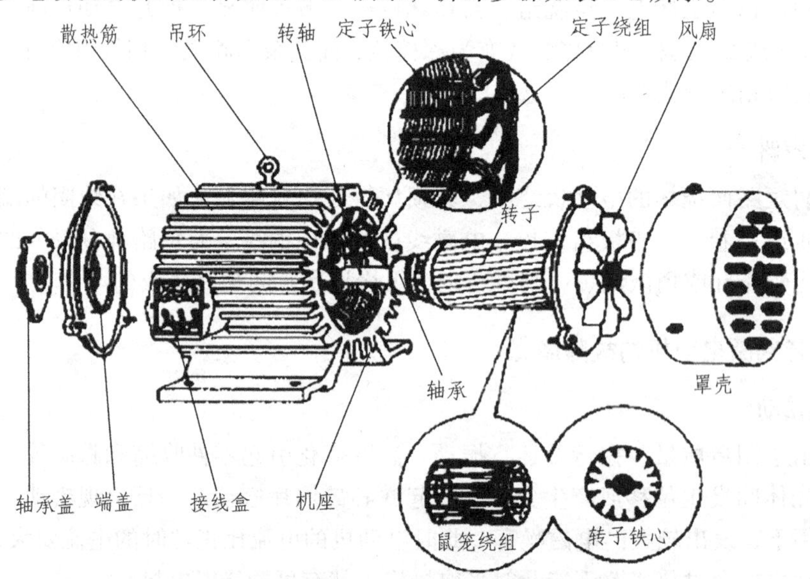

图 2-19　三相异步电动机的拆卸元件

表 2-2　笼型异步电动机的拆卸步骤

序号	步骤	操作要点	图示
1	脱传送带	卸下传送带或负载端联轴器	

续表 2-2

序号	步骤	操作要点	图示
2	断开电源	切断电源，拆开电动机与电源的连线，并做好绝缘处理	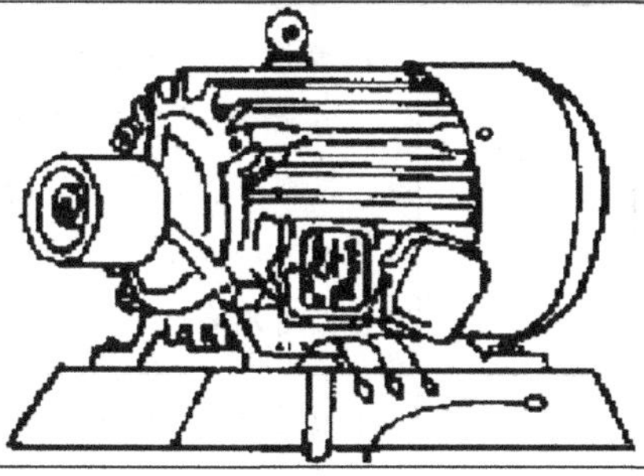
3	记录联轴器与轴台尺寸标记	记录联轴器与轴台之间的距离，做好尺寸标记，将皮带轮或联轴器上定位螺钉或销子松脱取下	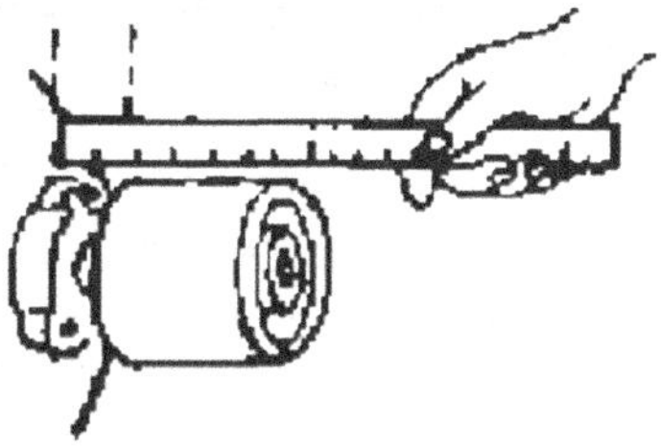
4	拆卸传输带轮和联轴器	安装拉具时，拉具的丝杆顶端对准电动机轴的中心。不要用手锤直接敲击皮带轮	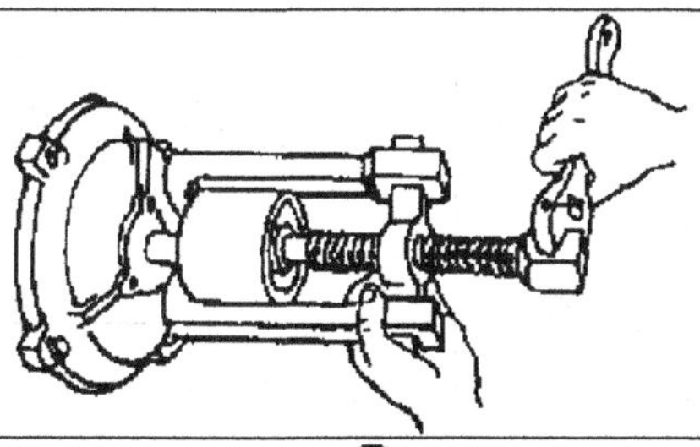
5	拆下前轴承外盖	轴承外盖上一般有 3 只固定螺钉，应先用螺丝刀拧出固定螺钉后，再取下轴承外盖，将轴承盖与端盖螺孔的相对位置做好标记，为安装做好准备	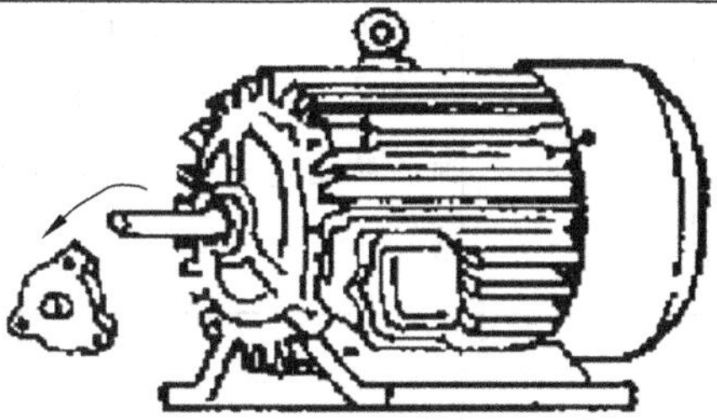
6	拆下风扇罩	先拆下固定螺钉，再拆下风扇罩	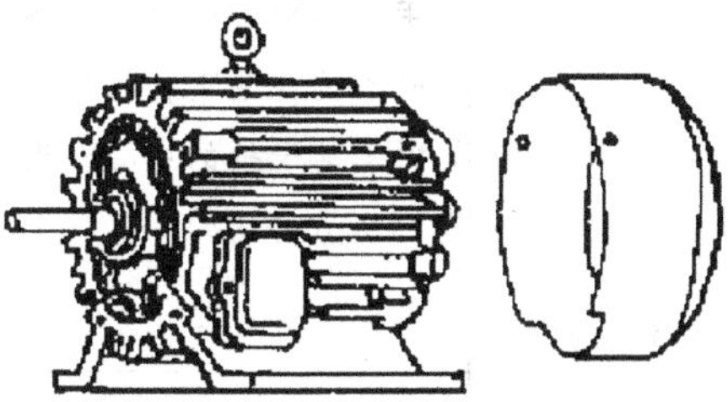
7	拆下风扇	用外圆卡钳拆下风扇卡簧，取下风扇	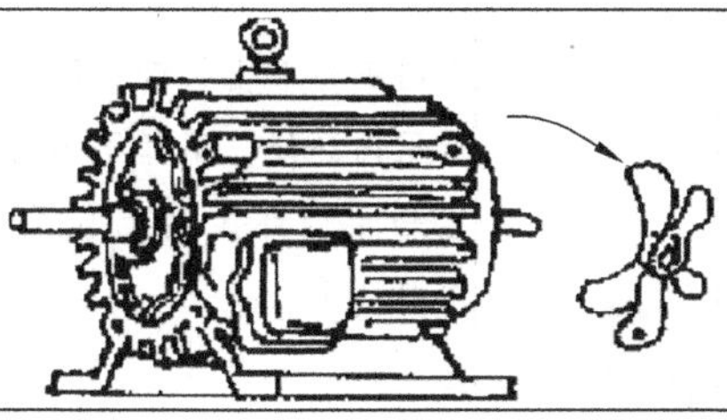

续表 2-2

序号	步骤	操作要点	图示
8	拆下后轴承外盖	轴承外盖上一般有 3 只固定螺钉，应先用螺丝刀拧出固定螺丝后，再取下轴承外盖，将轴承盖与端盖螺孔的相对位置做好标记，为安装做好准备	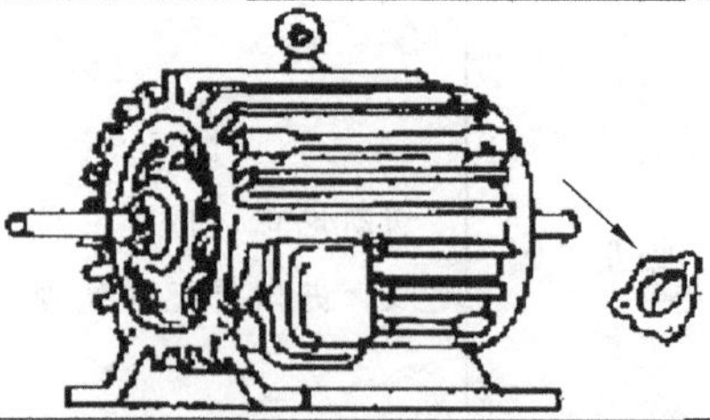
9	拆下前后端盖	将端盖与机座螺孔的相对位置做好标记，为安装做好准备。先用铜棒等顶在端盖安装孔处，用锤击打，使端盖退出一定的距离后，再插入角铁用力将其撬下	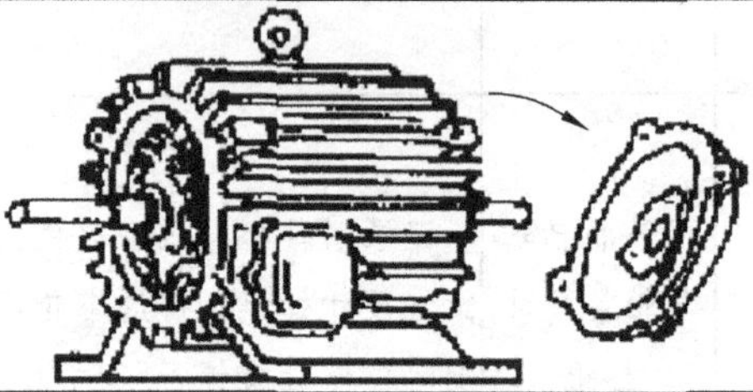
10	取出转子	较轻转子：可单人用手将转子抽出，另一只手拖住转子，将其取出	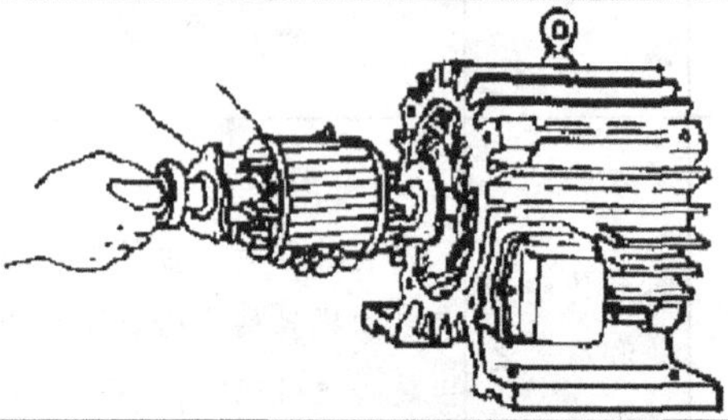
		较重转子：重量较大，需要两人配合取出，一人抬住转子一端，另一人抬住另一端，将其送出。操作时，防止定子绕组端部的划伤或磕伤	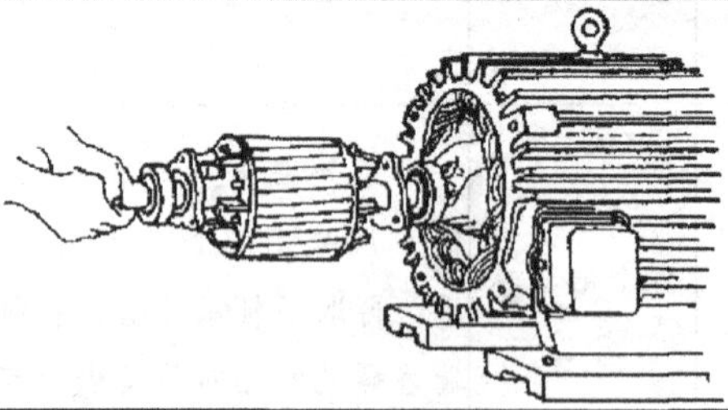
11	轴承拆卸	用拉具拆卸：拉具的脚爪应紧扣在轴承的内圈上，拉具的丝杠顶点要对准转子轴的中心，板转丝杠要慢，用力要均匀	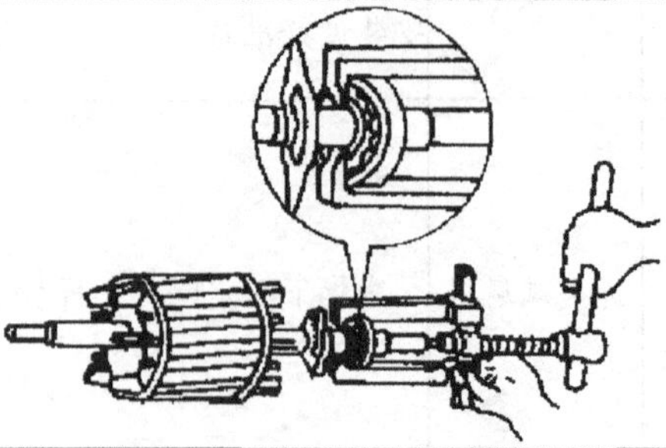
		用铜棒敲击拆卸：用紫铜棒抵在轴承内环处，用锤子击打铜棒。抵在轴承内环上的点应在其圆周上布置 4 个以上	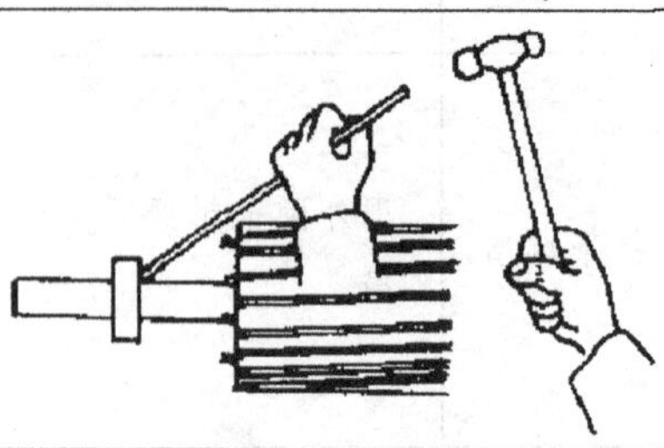

续表 2-2

序号	步骤	操作要点	图示
11	轴承拆卸	夹板架起敲击拆卸：在轴的端面上垫上铜块或木块，用手锤敲打，着力点对准轴的中心，圆桶内放些棉纱头，以防轴承脱下时转子和轴承摔坏。当敲到轴承渐松时，用力要减弱	
		轴承在端盖内的拆卸：把端盖止口面向上，平稳地搁在两块板上，垫上一段直径小于轴承外径的金属棒，用手锤沿轴承外圈敲打，将轴承敲出	

3. 三相异步电动机的装配

笼型电动机的安装步骤与拆卸步骤相反，如表 2-3 所示。

表 2-3　笼型电动机的安装步骤

序号	步骤	操作要点	图示
1	清除尘土	清扫定子、转子，用吹风机吹拂尘土，用白布擦净	
2	轴承安装	热装法：热装法是通过对轴承加热，使其膨胀，里圈内径变大后，套到轴的轴承处，轴承加热温度应控制在 80～100°C 之内，一般在 5～10 min。常用方法有油煮法（变压器油）、工频加热法和烘箱加热法	轴承应吊在油中 火炉
		冷装法：先清洗轴承，然后在轴承中填充润滑脂，再装入内轴盖，最后装轴承。用专用套筒敲击的方法	

续表 2-3

序号	步骤	操作要点	图示
3	安装后端盖	小型电动机通常是要先将后端盖装好再穿入转子。安装时，要用木槌均匀敲击靠近轴承的部位，使用内卡簧的，应在端盖安装到位后，用专用内卡簧钳将卡圈装好	
4	装入转子	较轻转子，可以用手抬起转子穿入，较重转子，要用吊装工具穿入。转子穿入定子镗孔过程中，要注意勿使转子擦伤定子绕组绝缘。在吊转子时还要注意勿损伤转子轴颈，可事先用尼龙套或软金属垫好	
5	安装前端盖	用三根带弯钩的硬线一端穿入前轴承盖孔内，另一端穿入后端盖对应的孔内，把端盖调整到安装位置后，用木榔头沿端盖圆周对称敲击，使其进入机壳，对角拧紧螺栓。 端盖螺栓拧好后，要穿入轴承固定螺栓，把定位导线逐一抽出，拧入螺栓	
6	风扇及扇罩安装	用木槌将外风扇装在风扇轴伸端，用外卡圈将风扇卡住，转动风扇应正常，最后把外风扇罩装上，均匀拧好固定螺钉。试运转，应无蹭、碰现象	
7	联轴器或皮带轮的安装	用细砂纸将电动机轴伸端和联轴器内孔或带轮内孔表面打磨干净。对准键槽，把联轴器或皮带轮套在轴上	

续表 2-3

序号	步骤	操作要点	图示
7	联轴器或皮带轮的安装	按原始记录调整带轮或联轴器与转轴之间距离以及键槽的位置，用铁板垫在键的一端，用手锤或大锤轻轻敲打，使键慢慢进入槽内	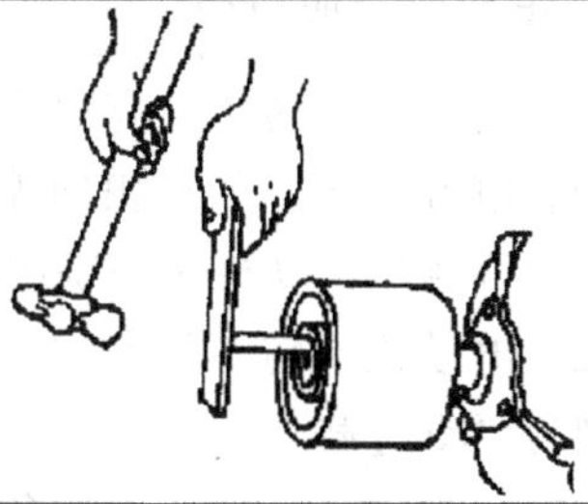
		旋紧压紧螺钉	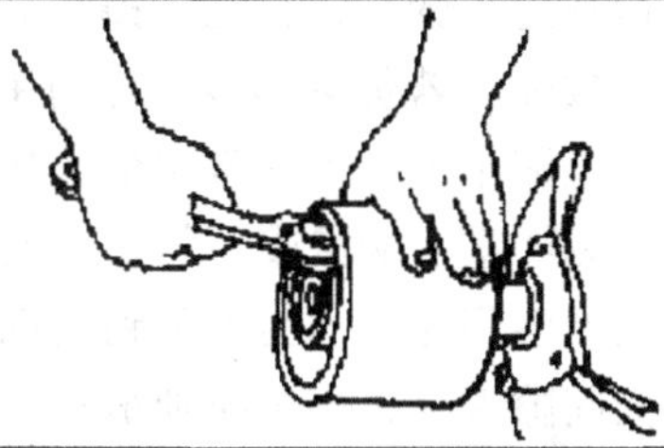
8	电源线的连接	按照铭牌要求以及拆卸前做好的标记，接好电源引线及接地线	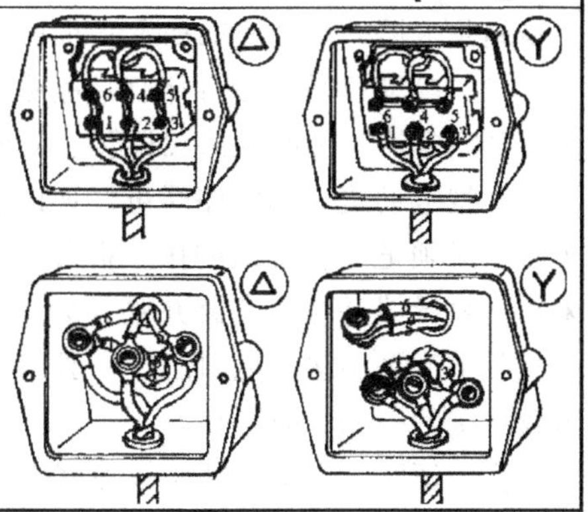

4. 拆装注意事项

（1）拆卸带轮或轴承时，要正确使用拉具。

（2）电动机解体前，到打好记号，以便组装。

（3）端盖螺钉的松动与紧固必须按对角线上下左右依次旋动。

（4）不能用手锤直接敲击零部件，应垫铜棒。

（5）在拆卸端盖前记好与接缝处的标记。

（6）抽出转子要小心，应把红钢纸板垫在绕组端部加以保护，防止碰坏定子绕组。

（7）清洗轴承时，一定要将陈旧的润滑脂排了洗净，再适量加入牌号合适的新润滑脂。

（8）电动机装配后，要检查转子转动是否灵活，有无卡阻现象。

（9）直立转子时，地面必须垫木块。

实训 2-2　三相异步电动机的常见故障及处理

对电动机的故障处理，各种资料介绍的方法多种多样，有些是从原理分析，有些是经验之谈。从理论与实际结合的角度具体分析如下：

1. 电动机不能启动

（1）电动机不转也没有声音。原因可能是电动机电源或绕组有两相或三相断路。首先检查是否有电源电压。如三相均无电压，说明故障在电路；若三相电压平衡，故障在电动机本身。这时可测量电动机三相绕组的电阻，找出断相的绕组。

（2）电动机不转，但有“嗡嗡”的响声。测量电动机接线柱，如三相电压平衡且为额定值可判为严重过载。

检查的步骤是，首先去掉负载，若电动机的转速与声音正常，可以判定过载或负载机械部分有故障。若仍然不转，可用手转动一下电动机轴，如果很紧或转不动，则测三相电流，如三相电流平衡，但比额定值大则有可能是电动机的机械部分被卡住、电动机缺油、轴承锈死或损坏严重、端盖或油盖装得太斜、转子和内膛相碰（也叫扫膛）。若用手转动电动机轴到某一角度感到比较吃力或听到周期性的“嚓嚓”声，可判断为扫膛。其原因有：① 轴承内外圈之间间隙太大，需更换轴承；② 轴承室（轴承孔）过大，长期磨损造成内孔直径过大；应急措施是电镀一层金属或加套，也可在轴承室内壁上冲些小点；③ 轴弯曲、端盖止口磨损。

（3）电动机转速慢且伴有“嗡嗡”声，轴振动。如测得一相电流为零，另两相电流大大超过额定电流，说明是两相运转。其原因是电路或电源一相断路或电动机绕组一相断路。

小型电动机一相断路时可用兆欧表和万用表或校灯检查。检查星形或三角形接法的电动机时，必须把三相绕组的接头拆开，分别测量每相是否断路。中等容量的电动机其绕组大多采用多根导线并绕多支路并联，如果断掉若干根或断开一条并联支路检查则比较复杂。常采用三相电流平衡法和电阻法，一般三相电流（或电阻）值相差大于 5%以上时，电流小（或电阻较大）的一相为断路相。

实践证明，电动机断路故障多发生在绕组的端部、接头处或引线处等部位。

2. 启动时熔断器熔断或热继电器断开

（1）故障检查步骤。检查熔丝容量是否合适，如太小可换装合适后再试。如熔丝继续熔断，检查传动皮带是否太紧或所带负载是否过大，电路中有无短路处，以及电动机本身是否短路或接地。

（2）接地故障检查方法。如图 2-17（b）所示用兆欧表测量电动机绕组对地的绝缘电阻。当绝缘电阻低于 0.2 MΩ 时，说明绕组严重受潮，应进行烘干处理。如电阻为零或校验灯接近正常亮度说明该相已接地。绕组接地一般发生在电动机出线处、电源线的进线孔或绕组伸出槽口处。对于后一种情况，如发现接地故障并不严重，可将竹片或绝缘纸片插入定子铁心与绕组之间。确认不存在接地，方可包扎、涂绝缘漆烘干，检查合格后继续使用。

（3）绕组短路故障的检查方法。利用兆欧表或万用表在分开连接线处，测量任意两相间的绝缘电阻。如在 0.2 MΩ 以下甚至接近于零，说明是相间短路。分别测量三个绕组的电流，电流大的相为短路相，也可用短路探测器检查绕组相间及匝间短路。

（4）定子绕组头尾的判断方法。在修理和检查电动机时，将出线头拆开忘记作标号或原标号丢失时需重新判断电动机定子绕组的头尾。一般可用切割剩磁检查法、感应检查法、二极管指示法和变换线头直接验证法。前几种方法都需要一定的仪器仪表，并且测量者要有一定的实践经验。变换线头直接验证法则较简单，且安全、可靠、直观。用万用表的欧姆挡测出哪两个线头是一相，然后任意标明定子绕组的头尾。按所标记号的三个头（或三个尾）分别接在电路上，把剩下的三个尾（或三个头）接在一起。使电动机在空载状态下启动。如果启动很慢且噪声很大，说明有一相绕组的头尾接反。此时应立刻断电，把其中一相的接头位置对调，再接通电源。如依然如故，说明倒换的这相没有接反。把这一相的头尾重新倒过来，按同样方法依次对调其他两相，直到电动机启动声音正常为止。这种方法简单，但只宜在允许直接启动的中小型电动机上使用。容量较大不允许直接启动的电动机不可采用此法。

3. 启动后低于额定转速

电动机启动后有“嗡嗡”声，并有振动，应检查定子绕组是否一相断路。三相电流平衡，有“嗡嗡”声但不振动，应检查三相电压是否太低。

空载时电动机转速正常，加载后转速降低。首先使电动机空载启动，如转速正常，可加轻载；如转速低下来，说明负载机械部分有卡住现象；若机械没有故障且转速未见降低，可使电动机在额定负载范围内运转；如电动机转速下降，且出力不足，则证明电动机有故障。一般原因是误将三角形接法的电动机接成星形或鼠笼转子断条。

4. 电动机振动

将电动机和机械传动部分脱开，再启动电动机。如振动消除，说明是机械故障，否则是电动机故障。振动产生的原因有机座不牢、电动机与被驱动的机械部分不同心、转子不平衡、轴弯曲、皮带轮轴偏心、鼠笼多处断条、轴承损坏、电磁系统不平衡、电动机扫膛。

5. 电动机温升过高或绕组烧毁

（1）正反转次数过于频繁，电动机经常工作在启动状态下。

（2）被驱动的机械卡住、周围环境温度过高（超过 40°C）、皮带过紧、电磁部分故障、电源电压过高或过低、电动机气隙不均匀、铁心通风孔堵塞及风扇叶损坏等。

任务三　三相同步电动机的基本结构与基本工作原理

一、三相同步电动机基本结构

1. 分类

按转子磁极形状分为：隐极式和凸极式。隐极机转子采用整块具有良好导磁性的高强度合金钢锻成，凸极机转子采用硅钢板叠成转子绕组直流绕组。定子铁心采用 0.5 mm 厚的硅钢片叠成，以减少涡流和磁滞损耗，定子绕组是交流绕组。

2. 结构模型（见图 2-20）

（1）定子上有三相对称交流绕组（电枢绕组）。

（2）转子上有成对磁极、励磁绕组。通以直流电流时，将会在电机的气隙中形成极性相间的分布磁场，称为励磁磁场（也称主磁场、转子磁场）。

（3）定转子之间的气隙层的厚度和形状对电机内部磁场的分布和同步电机的性能有重大影响。

（4）除了转场式同步电机外，还有转枢式同步电机。

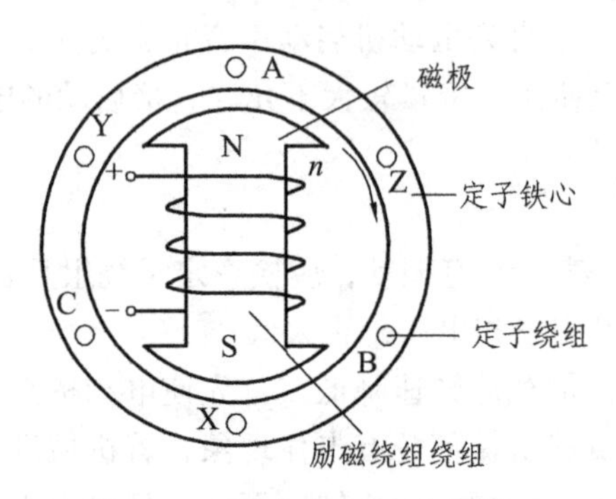

图 2-20　同步电动机结构模型

二、三相同步电动机工作原理

（1）原动机拖动转子以转速 n（r/min）旋转（即给电机输入机械能）。

（2）建立主磁场：励磁绕组通以直流励磁电流，建立极性相间的励磁磁场；或用永久磁钢产生主磁场。

（3）切割磁力线：主磁场随轴旋转并顺次被电枢各相绕组切割。

（4）交变电势的产生：电枢绕组中将会感应出大小和方向按周期性变化的三相对称交变电势，通过引出线即可提供交流电源。

三、三相同步电动机型式

三相同步电动机可分为发电机、电动机、补偿机。

同步电机的定子结构与异步电机相似，而转子结构有着自己的特点。

根据原动机的特点（汽轮机、水轮机），同步电机的转子也制成两种型式与之相配套。

1. 凸极式（见图 2-21）

凸极式转子上有明显凸出的成对磁极和集中励磁绕组。多极电机做成凸极结构，工艺较为简单，所以凸极电机与转速较低的水轮机相配套。

2. 隐极式（见图 2-22）

隐极式转子上没有凸出的磁极。转子本体表面开有槽，槽中嵌放励磁绕组。隐极转子适合于 2 极高速电机，常与大容量高转速汽轮机（线速度可达 170 m/s）配套。考虑到转子冷却和强度方面的要求，隐极式转子的结构和加工工艺较为复杂。

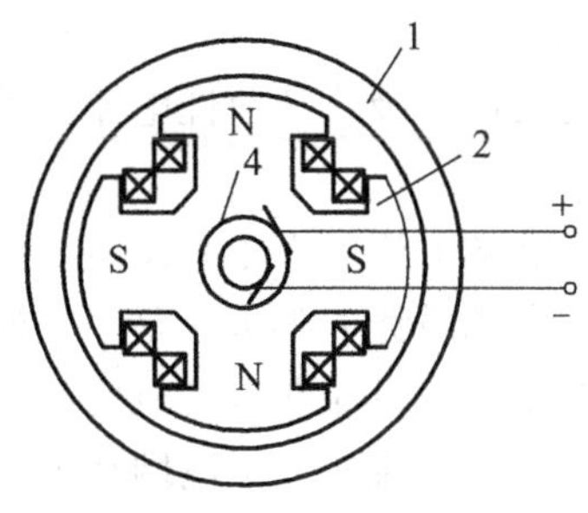

图 2-21 凸极转子同步电机

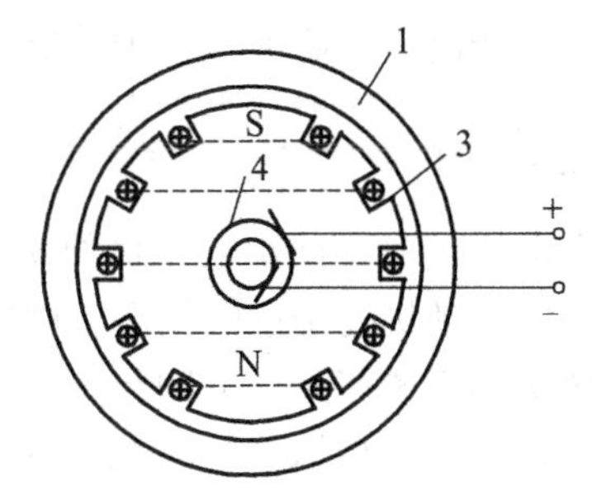

图 2-22 隐极式转子槽型

四、国产三相同步电动机的铭牌、型号

1. 同步电机的铭牌

（1）额定容量 S_N（或额定功率 P_N）：指额定运行时电机的输出功率。

（2）额定电压 U_N：指额定运行时定子的线电压。

（3）额定电流 I_N：指额定运行时定子的线电流。

（4）额定功率因数 $\cos\varphi_N$：指额定运行时电机的功率因数。

（5）额定频率 f_N：指额定运行时电枢的频率。我国标准工频为 50 Hz。

（6）额定转速 n_N：指额定运行时电机的转速。

2. 同步电机的型号

（1）汽轮发电机有 QFQ、QFN、QFS 等系列，前两个字母表示汽轮发电机；第三个字母表示冷却方式：Q 表示氢外冷，N 表示氢内冷，S 表示双水内冷。

（2）大型水轮发电机为 TS 系列，T 表示同步，S 表示水轮。

（3）举例：

例 1. QFS-300-2

表示容量为 300 MW，双水内冷，2 极汽轮发电机。

例 2. TSS1264/160-48

表示双水内冷水轮发电机，定子外径为 1 264 mm，铁心长为 160 mm，极数为 48。

（4）同步电动机系列有 TD、TDL 等，TD 表示同步电动机，后面的字母指出其主要用途。如 TDG 表示高速同步电动机；TDL 表示立式同步电动机。

五、三相同步电动机的优缺点

接在电网上的负载绝大部分都是感性负载（如异步电机、电抗器等），都需要从电网吸收大量滞后性电流，使得电网及其输电线路可供给的有功功率减小、损耗增加、压降增大。

发电厂要求用户的功率因数限制在一定的数值以内，以使电网能得到合理、经济地利用。用户可通过以下两种方法提高功率因数：

（1）在线路上并联电容器来补偿电网的落后性功率因数；

（2）用同步电动机代替部分异步电动机，因为同步电动机能吸收超前性电流，可以改善电网的功率因数。

与发电机类似，同步电动机的功率因数可以通过改变励磁电流的大小来调节。如果增大励磁电流使电动机处于过励状态，则励磁磁势 F_f 增大，而合成磁势 F 的大小是不变的。

按照磁势平衡原理，电网将给电动机输出一超前电流 I_a，该电流在电动机内部将产生去磁性的电枢反应，使得磁势得到平衡。电网给电动机输出超前电流相当于电网从电动机处吸取了滞后电流，正好满足了附近电感性负载的需要，使得电网的功率因数得到补偿。

如果减小励磁电流使电动机处于欠励状态，则励磁磁势 F_f 也减小，电网必须给电动机输出一滞后电流来产生增磁电枢反应，以保持合成磁势 F 不变。这种情况和异步电机的情况类似，所以同步电动机一般不采用欠励运行方式。

如果保持机械负载不变（相当于有功功率不变），调节励磁电流 I_f，对应的电枢电流 I_a 随之而变，和发电机一样可画出同步电动机的 V 形曲线（见图 2-23）。

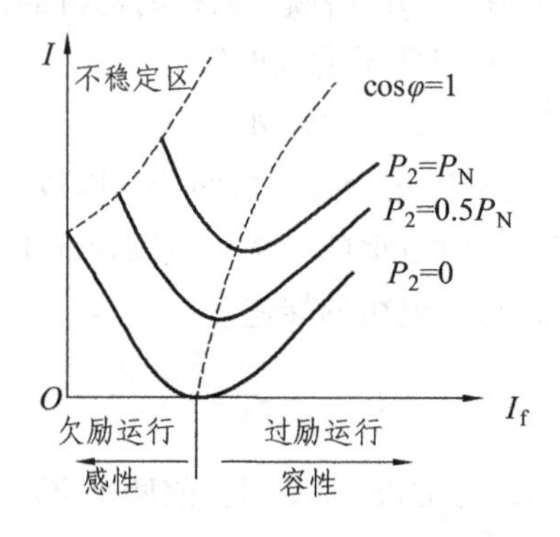

图 2-23　同步电机 V 形曲线

但是同步电动机也有一些缺点，如启动性能较差，结构上较异步电动机复杂，还要有直流电源来励磁，价格比较贵，维护又较为复杂，所以一般在小容量设备中还是采用异步电动机。在中大容量的设备中，尤其是在低速、恒速的拖动设备中，应优先考虑选用同步电动机，如拖动恒速轧钢机、电动发电机组、压缩机、离心泵、球磨机、粉碎机、通风机等。

利用同步电动机能够改变电网功率因数这一优点，亦有制造专门用作改变电网功率因数的电动机，不带任何机械负载，这种不带机械负载的同步电动机称之为同步补偿机。

六、三相同步电动机的异步启动

当定子绕组接通电源后，按照同步电机的原理同步电动机是不能产生启动转矩的。但目前工矿企业中应用的同步电动机都能够启动，这是利用异步电动机的原理来产生启动转矩，使得电机转动起来的。

下面来分析同步电动机没有启动转矩的原因及启动问题的解决方法。

假设在合闸瞬间，转子（已经加励磁）处于图 2-24（a）所示的位置，此时，电磁转矩 T 倾向于使转子逆时钟转动；在另一个瞬间[见图 2-24（b）所示]，定子磁场已转过 180°，而转子由于机械惯性尚未启动，电磁转矩 T 倾向于使转子顺时针转动。由于定子磁场以同步速旋转，作用于转子上的力矩随时间以 f=50 Hz 作交变，那么转子上受到的平均转矩为 0。因此同步电动机是不能自行启动的。概括一下同步电动机没有启动转矩的原因是：

（1）定、转子磁场之间相对运动速度很快；

（2）转子本身转动惯量的存在。

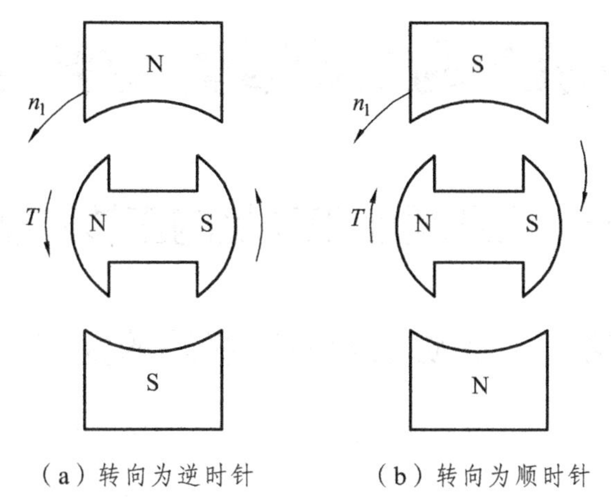

（a）转向为逆时针　　（b）转向为顺时针

图 2-24　启动时的同步转矩

同步电动机的启动方法，目前几乎都采用异步启动法。要实现同步电动机的异步启动，就需要在转子磁极表面装有类似异步电动机鼠笼转子的短路绕组，称之为启动绕组。它的结构型式和同步发电机的阻尼绕组一样。为了得到较大的启动转矩，启动绕组常用电阻较大的黄铜条做成。启动时交流电压施于定子绕组后，在空气隙中产生旋转磁场，同异步电动机的工作原理一样，这个旋转磁场将在转子启动绕组中感应电流，此电流和旋转磁场相互作用产生异步转矩，这样同步电动机就按照异步电动机的原理转动起来。在转速上升到接近同步转速时，再给励磁绕组通入直流励磁电流，使得转子产生磁极磁场，此时它和气隙磁场的转速已经十分接近，依靠这两个磁场间的相互吸引力产生转矩（称为同步转矩），将转子磁极拉入同步，这个过程称为拉入同步过程。

拉入同步是一个很复杂的过程，如果条件不合适，不一定能够成功。一般说，在加入直流励磁使得转子拉入同步的瞬间，同步电动机的转差越小、惯量越小，负载越轻，拉入同步就愈容易。

综上，同步电动机的启动过程分为两个阶段：（1）首先是异步启动，使得转子转速接近于同步速；（2）加入直流励磁，使得转子拉入同步。由于磁阻转矩的作用，凸极式同步电动机较容易拉入同步。甚至在未加励磁电流的情况下，有时转子也能拉入同步。因此为了改善启动性能，同步电动机大多采用凸极转子结构。

同步电动机异步启动时，励磁绕组不能开路，因为励磁绕组的匝数较多，旋转磁场切割励磁绕组而在其中感应一危险的高电压，容易使得励磁绕组绝缘击穿或引起人身事故。在启动时，励磁绕组必须短路。为了避免在励磁绕组中产生过大的短路电流，励磁绕组短路时必须串入比本身电阻大 5 ~ 10 倍的外加电阻。

项目三

电动机的基本控制线路及其安装、调试与维修

任务一　三相异步电动机的正转控制线路

理论一　点动正转控制线路的知识导入

常用的电气图有电路图（电气原理图）、电器元件布置图、电气安装接线图等。

一、点动正转控制电路图

电路图：电气图形符号和元件的文字符号共同表示电气装置和器件。

电路图的作用：

（1）分析电气装置和器件的作用，如图 3-1 所示。

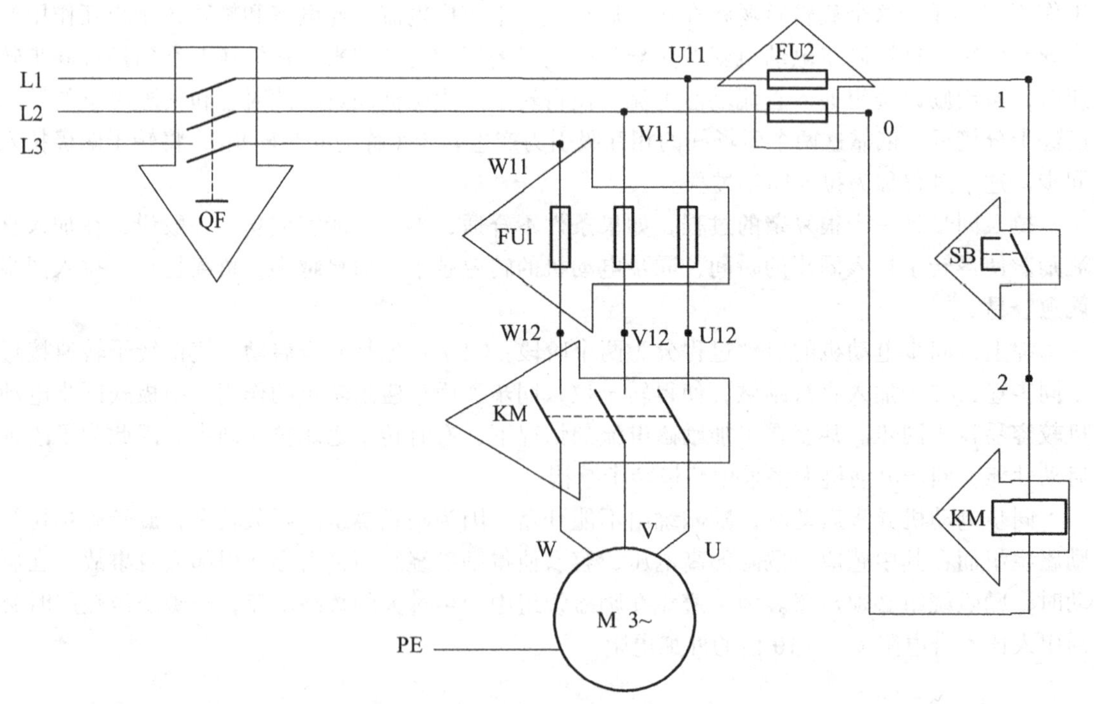

图 3-1　点动正转控制线路的电气装置和器件的作用

（2）分析线路构成，如图 3-2 所示。

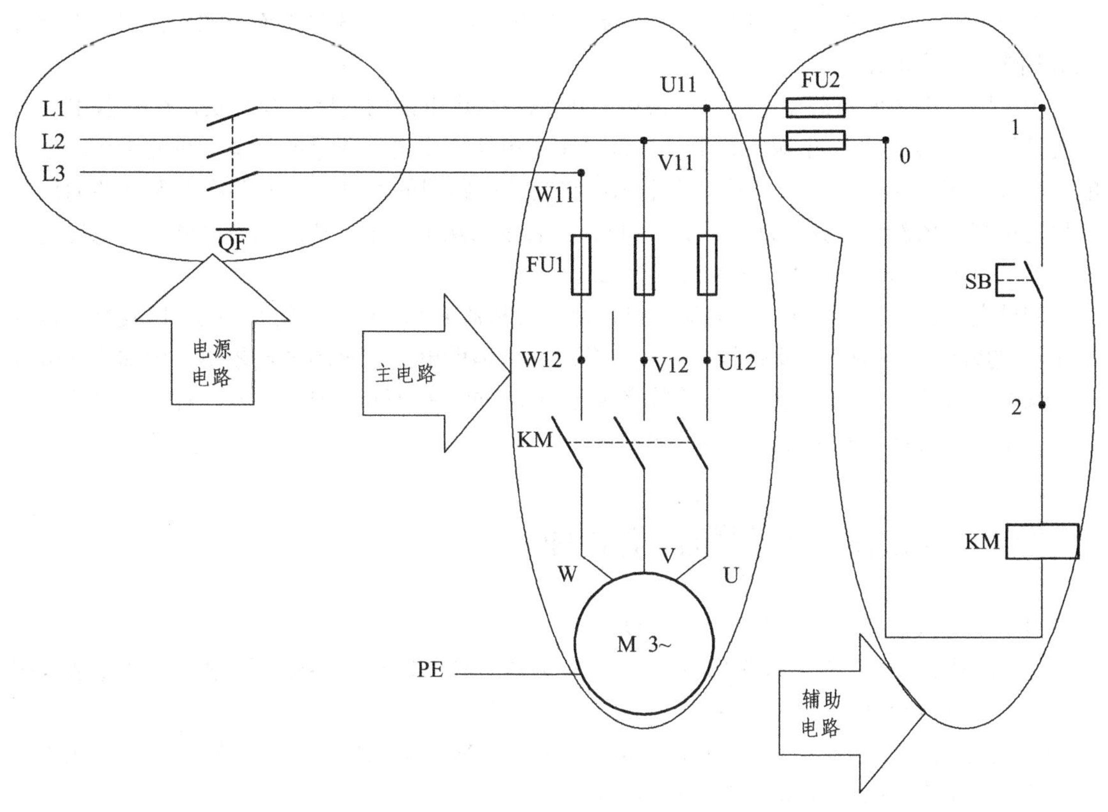

图 3-2　点动正转控制线路构成

（3）分析线路工作原理。

（4）调试和维修电路的基础。

二、点动正转控制线路中各元器件的作用

低压断路器 QF：线路正常工作时，通断总电源；线路发生故障时，自动跳闸切断故障电路从而保护线路和电气设备。

低压熔断器 FU：电路中串接 RL1 系列，做短路保护用。

交流接触器 KM：实现电路的自动控制。

按钮 SB：控制接触器。

三、点动正转控制线路构成

点动控制：按下按钮电动机就得电运转，松开按钮电动机就失电停转的控制方法。

电路图一般分电源电路、主电路和辅助电路三部分。在电路图中采用国家规定的电气图形符号表示电器元件。如 KM 表示交流接触器，则其主触头和线圈的图形符号旁都要标上“KM”的文字符号。同一电路中出现相同电器则在电气元件文字符号后加不同的数字表示区别。如 FU1 和 FU2。

电源电路：一般画成水平线。三相交流电源相序 L1、L2、L3 自上而下依次画出，电源开关 QF 同样水平画出。

主电路：电源向负载（如三相交流电动机 M）提供电能的电路。包括低压熔断器 FU1、交流接触器 KM 的三个主触头、电动机都属于主电路。主电路通过的是电动机的工作电流，电流较大，用粗实线绘制，且垂直于电源电路绘于电路图的左侧。主电路在电源开关的出线端规定按相序依次编号为 U11、V11、W11，然后按照从上往下、从左往右的顺序，每经过一个电器元件编号递增，如 U12、V12、W12。

辅助电路：控制主电路工作状态。包括低压熔断器 FU2，点动按钮开关 SB 以及交流接触器 KM 的线圈。辅助电路要跨接在两相电源之间。辅助电路通过的电流较小，用细实线依次垂直画在主电路右侧。控制电路起始数字规定为 1，同样按照从上往下、从左往右的顺序，每经过一个电气元件编号递增。数字 0 表示零线。

四、点动正转控制线路的工作原理

（1）合上低压断路器（空气开关）QF。

（2）启动：按下组合开关按钮 SB→交流接触器 KM 线圈得电→交流接触器 KM 主触头闭合→三相交流电动机 M 启动运转。

（3）停止：松开组合开关按钮 SB→交流接触器 KM 线圈失电→交流接触器 KM 主触头恢复断开→三相交流电动机 M 断电停止运转。

五、点动正转控制线路的电气元件布置图

电器元件布置图：表明电气原理图中所有电气元件、电气设备的实际位置，为电气控制设备的制造、安装提供必要的资料。

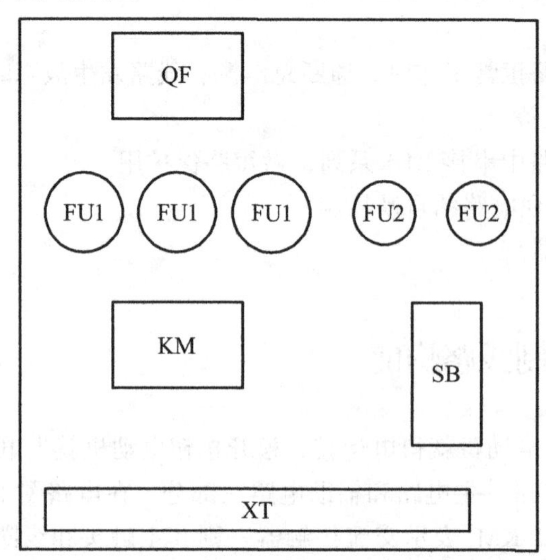

图 3-3　点动正转控制线路的电器元件布置图

（1）各电器代号应与有关电路图和电气元件清单上所列的元器件代号相同。

（2）体积大的和较重的电气元件应该安装在电气安装板下面，发热元件应安装在电气安装板的上面。

（3）经常要维护、检修、调整的电气元件安装位置不宜过高或过低，图中不需要标注尺寸。

六、电气安装接线图

电气接线图：表明所有电气元件、电气设备连接方式，为电气控制设备的安装和检修调试提供必要的资料。

绘制原则：

（1）接线图中，各电气元件的相对位置与实际安装的相对位置一致，且所有部件都画在一个按实际尺寸以统一比例绘制的虚线框中。

（2）各电气元件的接线端子都有与电气原理图中的相一致编号。

（3）接线图中应详细地标明配线用的导线型号、规格、标称面积及连接导线的根数。标明所穿管子的型号、规格等，并标明电源的引入点。

（4）安装在电气板内外的电气元件之间需通过接线端子板连线。

实训 3-1　点动正转控制线路的安装与调试

1. 安装步骤及工艺要求

（1）逐个检验电气设备和元件的规格和质量是否合格。

（2）正确选配导线的规格、导线通道类型和数量、接线端子板型号等。

（3）在控制板上安装电器元件，并在各电器元件附近做好与电路图上相同代号的标记。

（4）按照控制板内布线的工艺要求进行布线和套编码套管。要求做到“横平竖直”，无交叉线，各接口处无压胶皮情况以及露金属内芯过长的情况。低压熔断器进出线端无反圈。

（5）选择合理的导线走向，做好导线通道的支持准备，并安装控制板外部的所有元器件。

（6）进行控制箱外部布线，并在导线线头上套装与电路图相同线号的编码套管。线号管必须标注清楚，方向正确且没有遗漏。对于可移动的导线通道应放适当的余量，使金属软管在运动时不承受拉力，并按规定在通道内放好备用导线。

（7）检查电路的接线是否正确和接地通道是否具有连续性。

（8）检查热继电器的整定值是否符合要求。各级熔断器的熔体是否符合要求，如不符合要求应予以更换。

（9）检查电动机的安装是否牢固，与生产机械传动装置的连接是否可靠。

（10）检测电动机及线路的绝缘电阻，清理安装场地。

（11）点动正转控制电动机启动、转向是否符合要求。

2. 通电调试

（1）通电空转试验时，应认真观察各电气元件、线路。

（2）通电带负载试验时，应认真观察各电气元件、线路以及电动机。

注意：上电时按照“从大到小再插座”的顺序，断电时按照“从小到大再插座”的顺序。每次的通电试车必须在老师的监督下完成，不得单独操作。

3. 注意事项

（1）接线时，必须集中思想，做到接一根导线，立即套上编码套管，接上后再进行复验。

（2）在安装、调试过程中，工具、仪表的使用应符合要求。

（3）通电操作时，必须严格遵守安全操作规程。

（4）实训内容结束后，将单芯线按照操作规则拆下并拉直，元器件归位，清理工作台，整理好自己的工具。

理论二　自锁正转控制线路的知识导入

一、自锁正转控制电路图（见图 3-4）

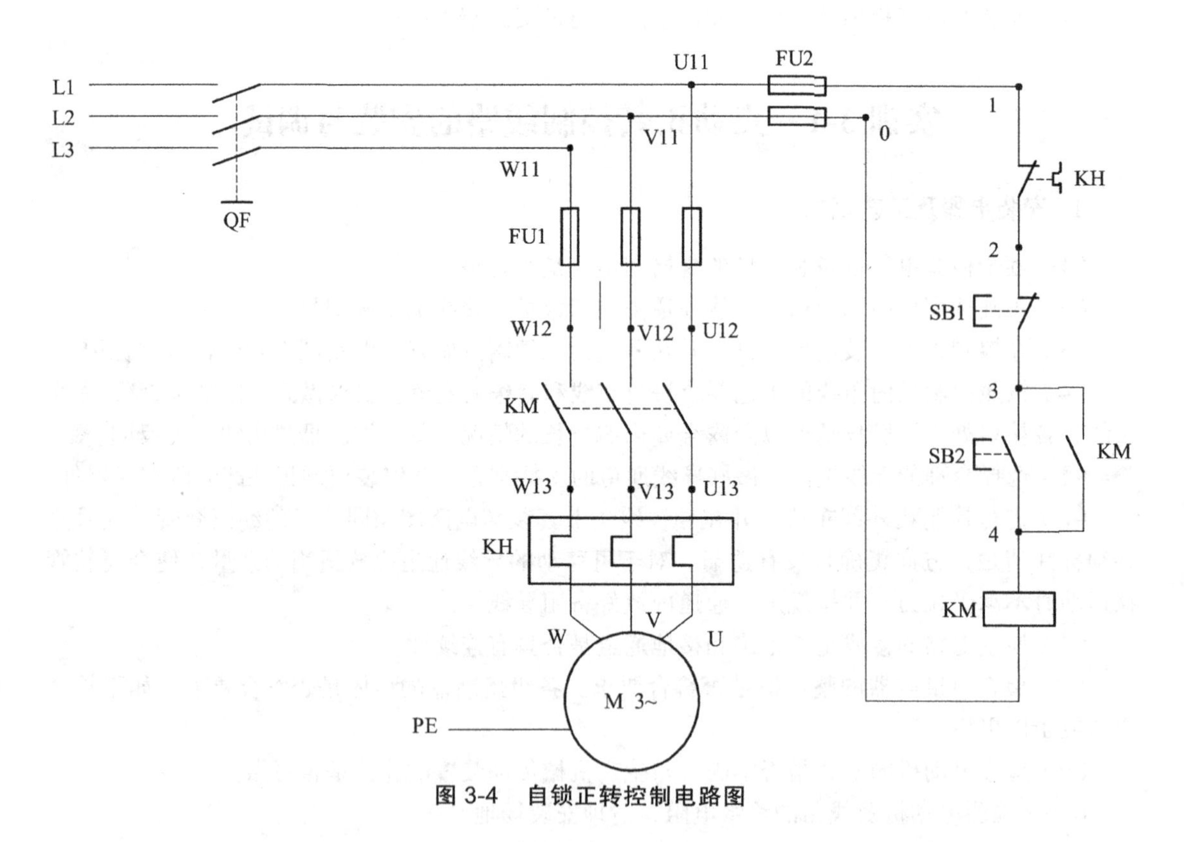

图 3-4　自锁正转控制电路图

二、自锁正转控制线路中各元器件的作用

低压断路器 QF：线路正常工作时，通断总电源；线路发生故障时，自动跳闸切断故障电

路从而保护线路和电气设备。

低压熔断器 FU：电路中串接 RL1 系列，做短路保护用。

交流接触器 KM：实现电路的自动控制，做欠压保护和零压保护。电动机工作时的电压低于额定电压较多时，功率保持不变就会导致电流增大，从而使电动机温度升高，就有可能造成电机烧毁。交流接触器两端电压低于额定工作电压的 85%时，主触头和自锁触头复原，自动切断主电路和控制电路，电机失电停转，起到欠压保护作用。电动机正常运行时由于外界原因突然断电，此时交流接触器主触头和自锁触头复原，恢复断开，主电路和控制电路都不能接通。当重新供电时，电动机就不会自行启动运转。

热继电器 KH：做过载保护。过载保护是指当电动机出现过载时，能自动切断电动机的电源，使电动机停转。电动机在运行过程中，长时间负载过大、启动频繁或缺相运行都可能使电动机定子绕组电流增大使温度持续升高，超过允许温升会影响电动机的使用寿命，因此使用热继电器作过载保护。使用时，热元件串接在三相主电路中，常闭触头串接在控制电路中。过载一段时候后，热元件受热弯曲，通过传送机构使其常闭触头断开切断控制电路从而使电动机停转。

按钮 SB1：停止按钮。

按钮 SB2：启动按钮。

三、自锁正转控制线路构成（见图 3-5）

自锁控制：当启动按钮松开后，接触器通过其自身的辅助常开触头使其线圈保持得电的控制方法。与启动按钮并联起自锁作用的辅助常开触头叫做自锁触头。

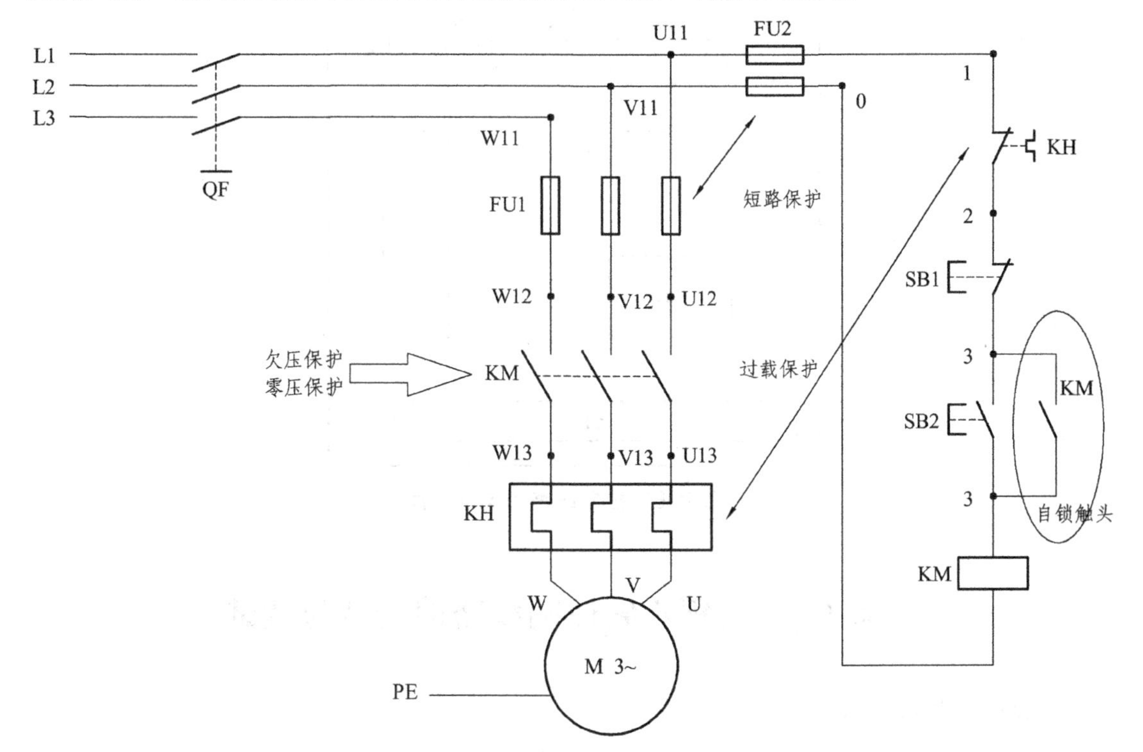

图 3-5　自锁正转控制线路构成

根据交流接触器结构及工作原理进行构思：当交流接触器 KM 的线圈得电时，三对主触头和两对辅助常开触头都闭合。在之前的点动控制线路中，电路中只用到了三对主触头，此时若考虑在控制电路中增加一对接触器辅助常开触头作为支路，由于线圈得电，辅助常开触头保持闭合使电路一直得电，达到电动机持续运转的效果。此时要停止电动机，可考虑串接组合开关按钮中的常闭触头在控制电路中，这样，按下按钮 SB1，常闭触头断开，切断电路。

四、自锁正转控制线路的工作原理

（1）合上低压断路器（空气开关）QF。

（2）启动：按下启动按钮 SB2→交流接触器 KM 线圈得电→交流接触器 KM 主触头闭合和自锁触头闭合→三相交流电动机 M 启动连续运转。

（3）停止：按下停止按钮 SB1→交流接触器 KM 线圈失电→交流接触器 KM 主触头恢复断开，自锁触头分断解除自锁→三相交流电动机 M 断电停止运转。

五、自锁正转控制线路的电气元件布置图（见图 3-6）

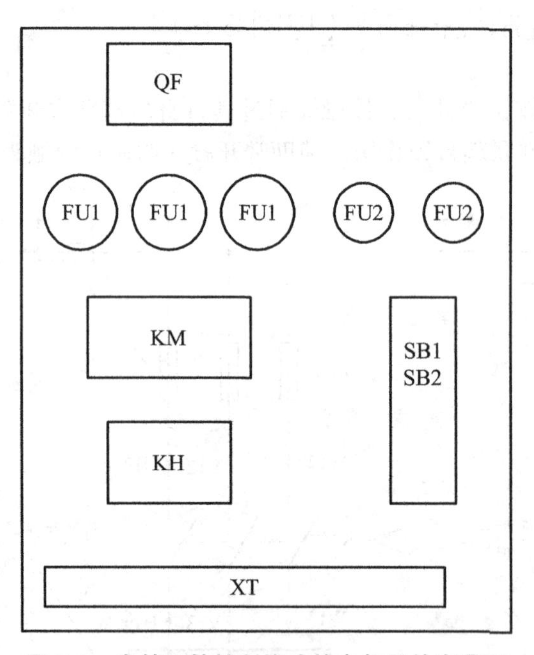

图 3-6　自锁正转控制线路的电气元件布置图

实训 3-2　自锁正转控制线路的安装与调试

1. 安装步骤及工艺要求

（1）逐个检验电气设备和元件的规格和质量是否合格。

（2）正确选配导线的规格、导线通道类型和数量、接线端子板型号等。

（3）在控制板上安装电器元件，并在各电气元件附近做好与电路图上相同代号的标记。

（4）按照控制板内布线的工艺要求进行布线和套编码套管。要求做到“横平竖直”，无交叉线，各接口处无压胶皮情况以及露金属内芯过长的情况。低压熔断器进出线端无反圈。

（5）选择合理的导线走向，做好导线通道的支持准备，并安装控制板外部的所有元器件。

（6）进行控制箱外部布线，并在导线线头上套装与电路图相同线号的编码套管。线号管必须标注清楚，方向正确且没有遗漏。对于可移动的导线通道应放适当的余量，使金属软管在运动时不承受拉力，并按规定在通道内放好备用导线。

（7）检查电路的接线是否正确和接地通道是否具有连续性。

（8）检查热继电器的整定值是否符合要求。各级熔断器的熔体是否符合要求，如不符合要求应予以更换。

（9）检查电动机的安装是否牢固，与生产机械传动装置的连接是否可靠。

（10）检测电动机及线路的绝缘电阻，清理安装场地。

（11）自锁正转控制电动机启动、转向是否符合要求。

2. 通电调试

（1）通电空转试验时，应认真观察各电气元件、线路。

（2）通电带负载试验时，应认真观察各电气元件、线路以及电动机。

注意：上电时按照“从大到小再插座”的顺序，断电时按照“从小到大再插座”的顺序。每次的通电试车必须在老师的监督下完成，不得单独操作。

3. 注意事项

（1）接线时，必须集中思想，做到接一根导线，立即套上编码套管，接上后再进行复验。

（2）在安装、调试过程中，工具、仪表的使用应符合要求。

（3）通电操作时，必须严格遵守安全操作规程。

（4）启动电动机时，在按下启动按钮 SB2 的同时，手还必须按在停止按钮 SB1 上以保证万一出现故障时可立即按下 SB1 停车，防止事故扩大。

（5）热继电器因电动机过载动作后，若需再次启动电动机，必须待热元件冷却，复位后才可继续。

（6）实训内容结束后，将单芯线按照操作规则拆下并拉直，元器件归位，清理工作台，整理好自己的工具。

实训 3-3　点动与自锁混合正转控制线路的安装与调试

点动与自锁混合控制电路如图 3-7 所示。

要求：根据实训 3-1 和实训 3-2 的内容分析电路，指出电路中的点动按钮是哪个，自锁按钮是哪个，并写出此电路的工作原理。

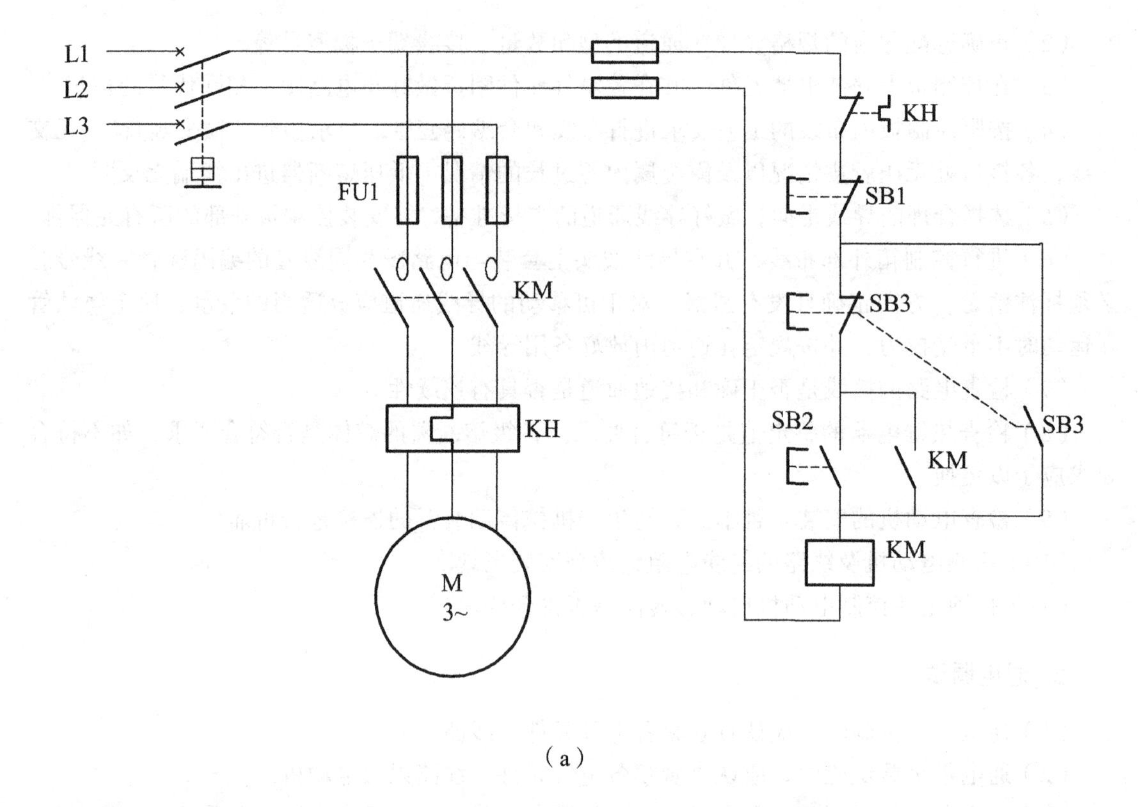

（a）

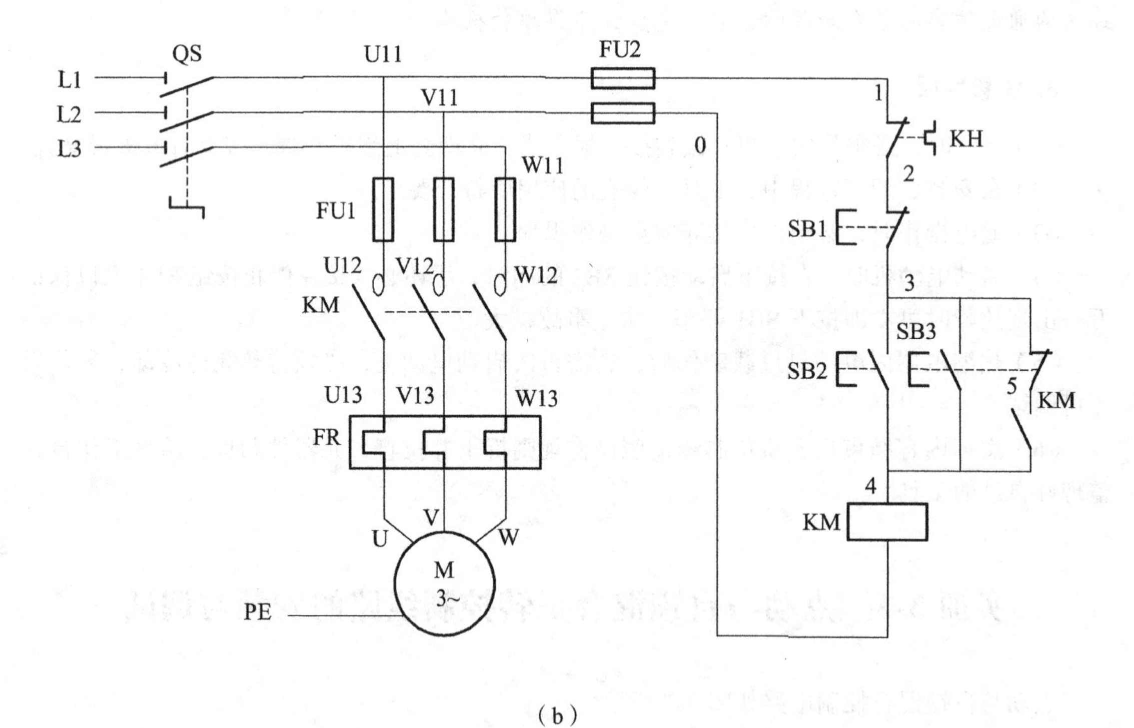

（b）

图 3-7　点动与自锁混合控制电路图

任务二　三相异步电动机的正反转控制线路

理论三　正反转控制线路的知识导入

一、接触器联锁正反转控制电路图（见图 3-8）

将接至交流电动机的三相交流电源进线中任意两相对调，电动机就可以反转。这里是采用在两个交流接触器上任意反接两相电源来控制电动机的正反转。

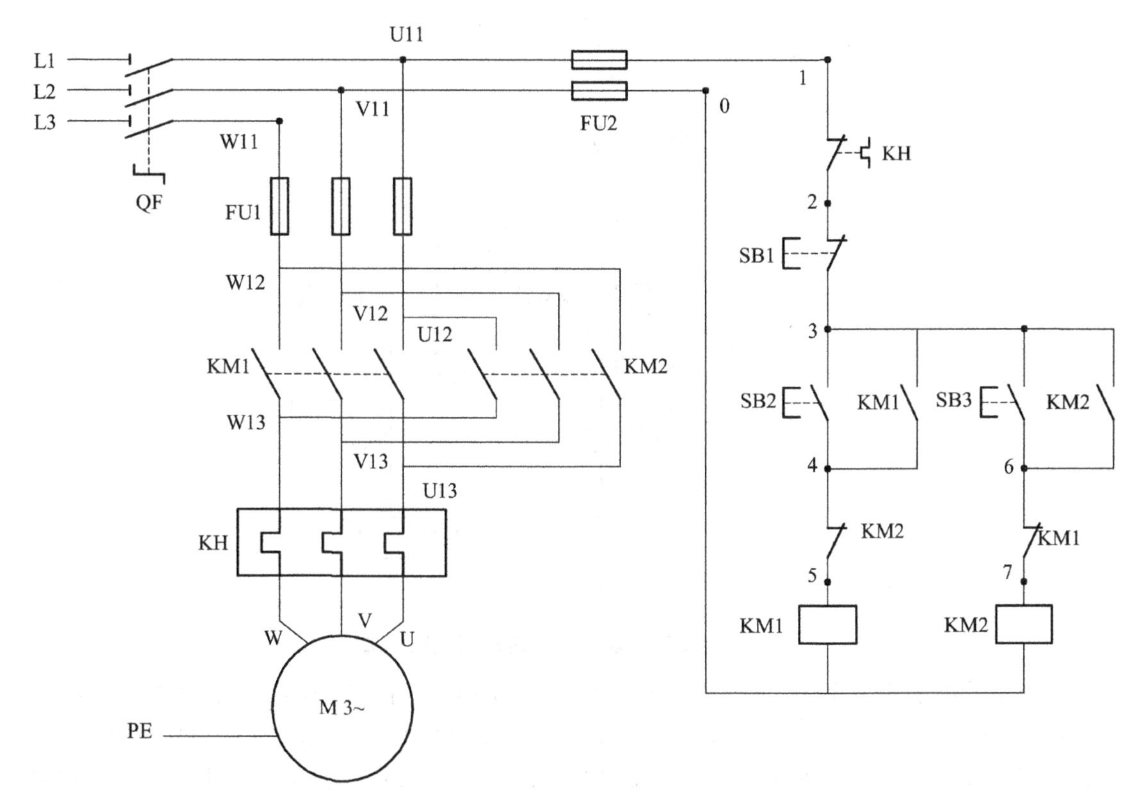

图 3-8　接触器联锁正反转控制电路图

二、接触器联锁正反转控制线路中各元器件的作用

正转接触器 KM1：主触头按 L1—L2—L3 相序接线，接通正转电路。在正转支路串接 KM2 的辅助常闭触头，防止 KM1 得电的同时 KM2 也得电而造成两相电源短路。

反转接触器 KM2：主触头按 L3—L2—L1 相序接线，接通反转电路。同样在反转支路串接 KM1 的辅助常闭触头，防止 KM2 得电的同时 KM1 也得电而造成两相电源短路。

按钮 SB1：停止按钮。

按钮 SB2：正转启动按钮。

按钮 SB3：反转启动按钮。

三、接触器联锁正反转控制线路构成（见图 3-9）

联锁控制：当一个接触器得电动作时，通过其辅助常闭触头使另一个接触器不能得电动作，这种相互制约的控制方法就称为连锁控制。实现连锁作用的辅助常闭触头称为联锁触头。连锁用符号“▽”表示。

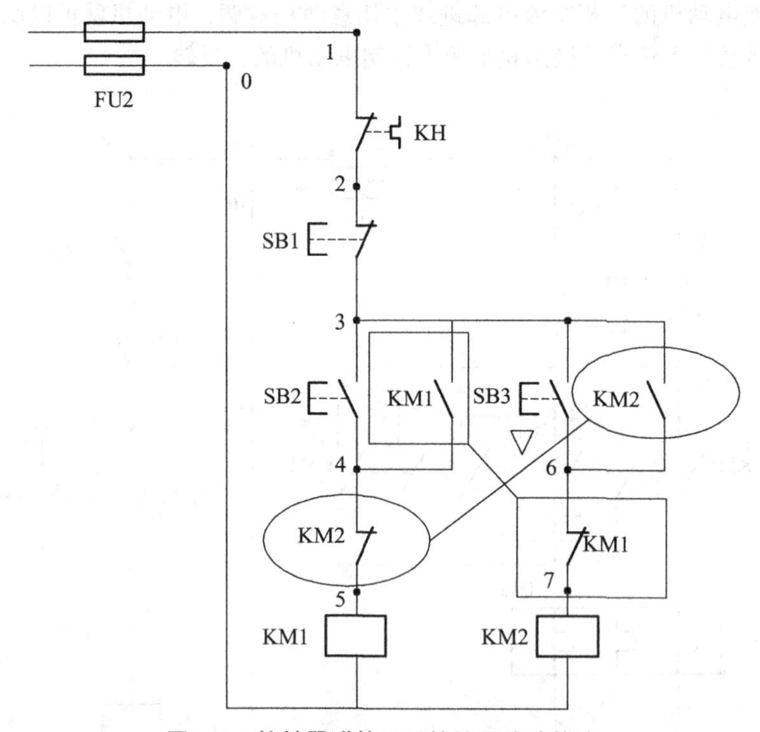

图 3-9　接触器联锁正反转控制线路构成

线路中采用了两个接触器，正转用的接触器 KM1 由正转按钮 SB2 控制，则按钮 SB2 和接触器 KM1 线圈组成正转控制线路。反转用的接触器 KM2 由反转按钮 SB3 控制，则按钮 SB3 和接触器 KM2 线圈组成反转控制线路。主电路中，两个接触器所接通的电源相序不同，KM1 按 L1—L2—L3 相序接线，KM2 则按 L3—L2—L1 相序接线。

四、接触器联锁正反转控制线路的工作原理

（1）合上低压断路器（空气开关）QF。

（2）正转启动：按下正转启动按钮 SB2→正转接触器 KM1 线圈得电→正转接触器 KM1 主触头闭合和自锁触头闭合→三相交流电动机 M 启动连续正转。

（3）停止：按下停止按钮 SB1→正转接触器 KM1 线圈失电→正转接触器 KM1 主触头恢复断开，自锁触头分断解除自锁→三相交流电动机 M 断电停止运转。

（4）反转启动：按下反转启动按钮 SB3→反转接触器 KM2 线圈得电→反转接触器 KM2 主触头闭合和自锁触头闭合→三相交流电动机 M 启动连续反转。

（5）停止：按下停止按钮 SB1→反转接触器 KM2 线圈失电→反转接触器 KM2 主触头恢复断开，自锁触头分断解除自锁→三相交流电动机 M 断电停止运转。

注意：每次启动之后必须先断电才能再次启动。

五、接触器联锁正反转控制线路的电气元件布置图（见图 3-10）

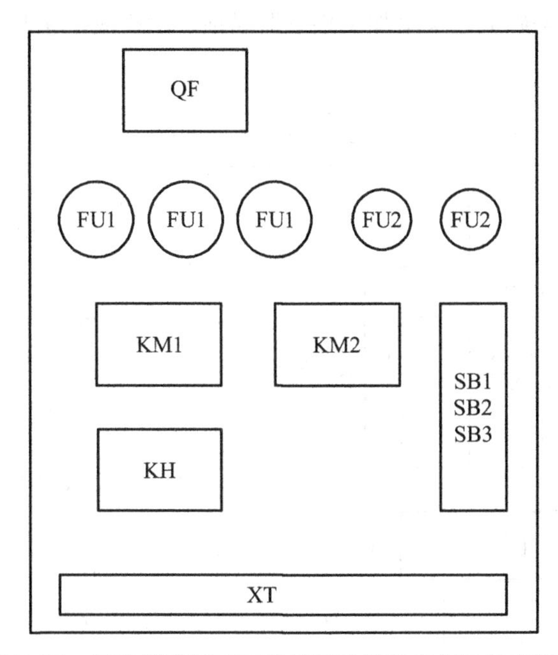

图 3-10　接触器联锁正反转控制线路的电气元件布置图

实训 3-4　接触器联锁正反转控制线路的安装与调试

1. 安装步骤及注意事项

参见实训 3-2 中的实训步骤，并熟悉安装工艺要求。

安装注意事项：

（1）接触器连锁触头接线必须正确，否则会造成主电路中两相电源短路事故。

（2）通电试车时，正转启动后必须先停止才能反转启动，同样的，反转启动后也必须先停止才能正转启动。

（3）实训应在规定时间内完成，同时做到安全操作和文明生产。训练结束后，安装的控制板留用。

2. 通电调试

（1）通电空转试验时，应认真观察各电气元件、线路。

（2）通电带负载试验时，应认真观察各电气元件、线路以及电动机的正反转情况。

注意：上电时按照“从大到小再插座”的顺序，断电时按照“从小到大再插座”的顺序。每次通电试车必须在老师的监督下完成，不得单独操作。

实训 3-5　按钮和接触器双重联锁正反转控制线路的安装与调试

在实训 3-4 中，正反转不能直接切换，必须停止之后才能重新开启进行反转，为了解决这个问题，在按钮联锁的基础上，又增加了接触器联锁，就构成按钮和接触器双重联锁正反转控制电路。

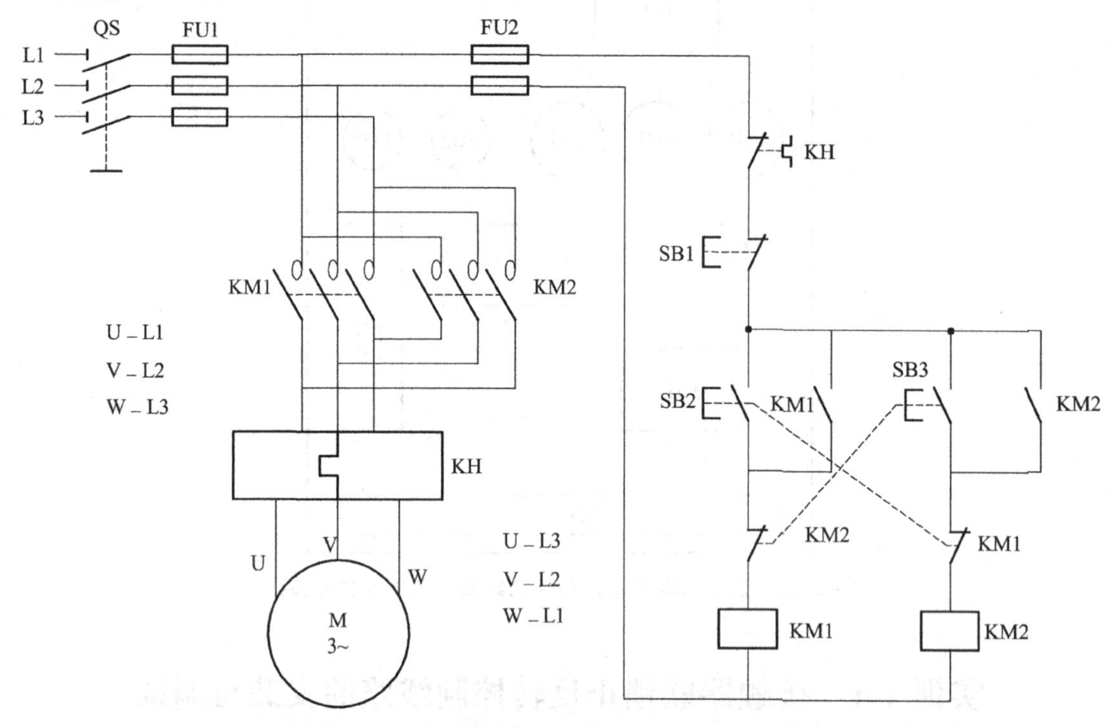

图 3-11　按钮和接触器双重联锁正反转控制电路图

任务三　三相异步电动机的位置控制与自动循环控制线路

理论四　位置控制线路知识导入

在许多生产机械中，常利用生产机械运动部件上的挡铁与行程开关碰撞，使其触头动作来接通或断开电路，以实现对生产机械运动的位置或行程的自动控制方法称为位置控制，又称行程控制或限位控制，例如，生产车间的行车运行到终端位置时需要及时停车的控制，如图 3-12 所示。

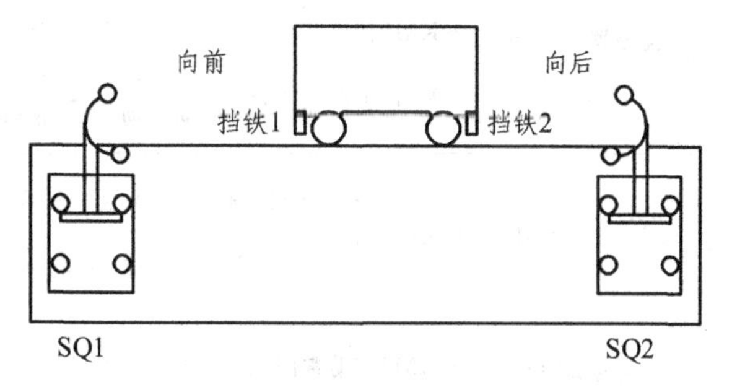

图 3-12　位置控制示意图

一、位置控制电路图（见图 3-13）

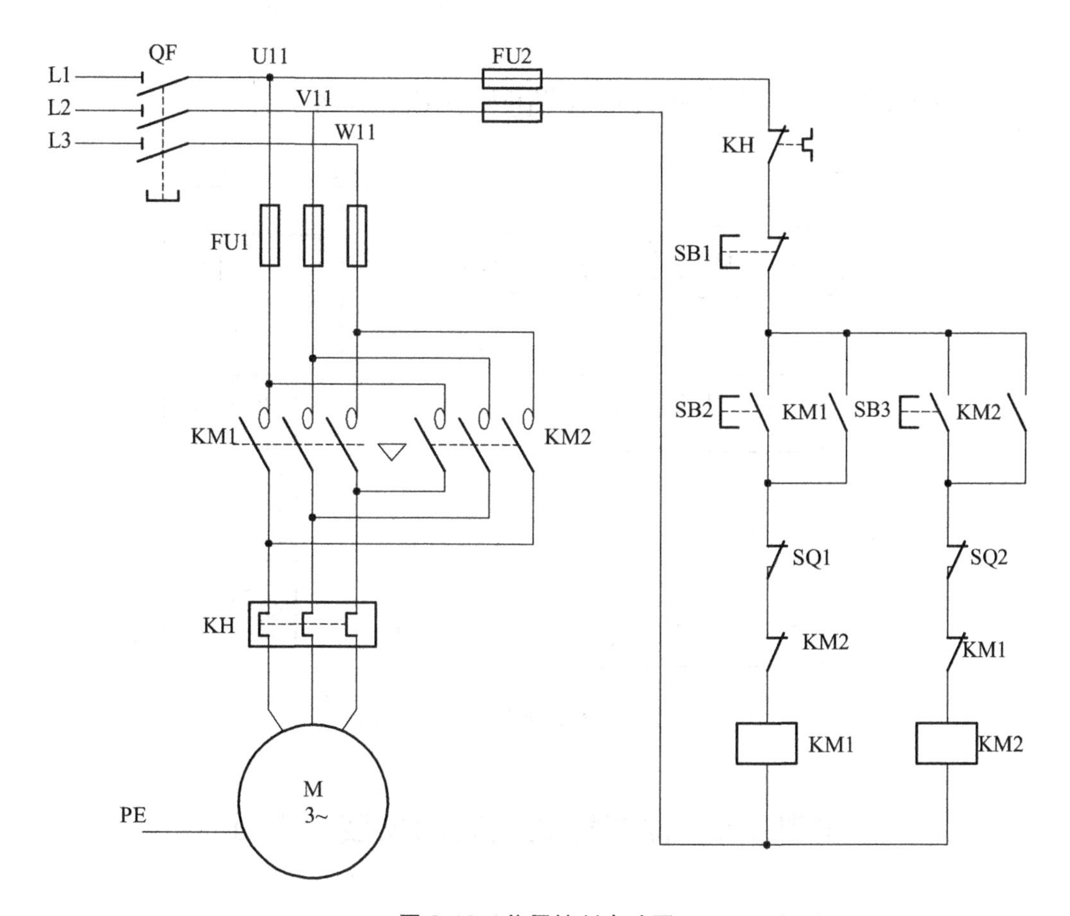

图 3-13　位置控制电路图

二、位置控制线路的工作原理

（1）合上空气开关 QF。

（2）行程正转：

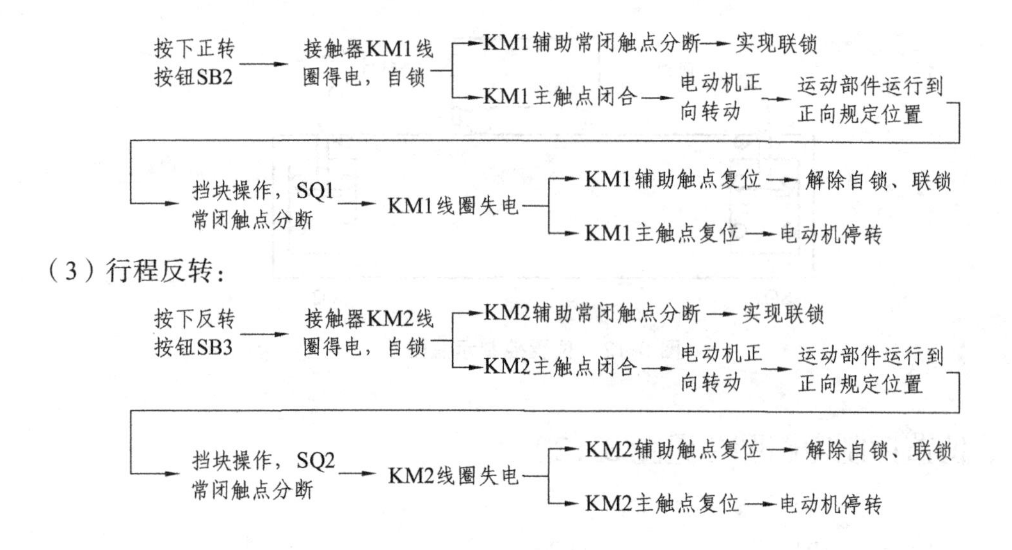

（3）行程反转：

三、位置控制线路的电器元件布置图（见图 3-14）

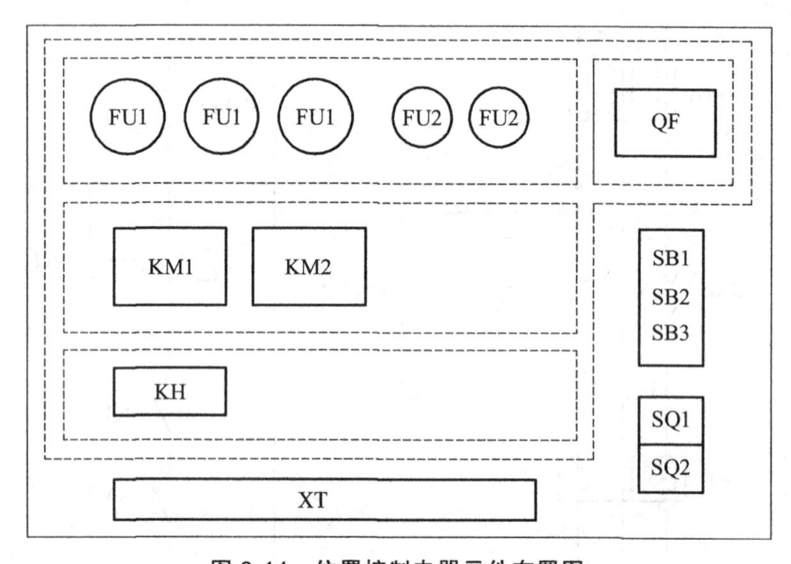

图 3-14　位置控制电器元件布置图

实训 3-6　位置控制线路的安装与调试

1. 安装步骤及注意事项

参见实训 3-2 中的实训步骤，并熟悉安装工艺要求。

安装注意事项：

（1）安装的走线槽和电气元件要贴上醒目的文字符号。

（2）安装走线槽时，也应做到横平竖直、排列整齐、安装牢固、便于走线。

（3）各电气元件接线端子上引出或引入的导线，除间距很小时允许直接架空敷设外，其他导线必须经过走线槽进行连接。

（4）进入导线槽的导线要完全置于导线槽内，并应尽可能避免交叉，装线不要超过其容量的 70%。

（5）所有接线端子、导线线头上，都应套有与电路图上相应接点一致的编码套管，并按线号进行连接，接线必须牢固，不得松动。

2. 通电调试

（1）通电效验时，必须先手动行程开关，试验各行程控制是否正常可靠。

（2）通电效验时，必须有教师在现场监护，学生应按照电路要求独立操作。

理论五 自动循环控制线路知识导入

自动往返控制线路就是位置控制的连续控制，应用在许多生产机械中，例如，铣床要求工作台在一定距离内能自动往返，以便对工件连续加工，像这种控制生产机械自动往返运动的行程和位置的方法叫做自动循环控制。

一、自动循环控制电路图（见图 3-15）

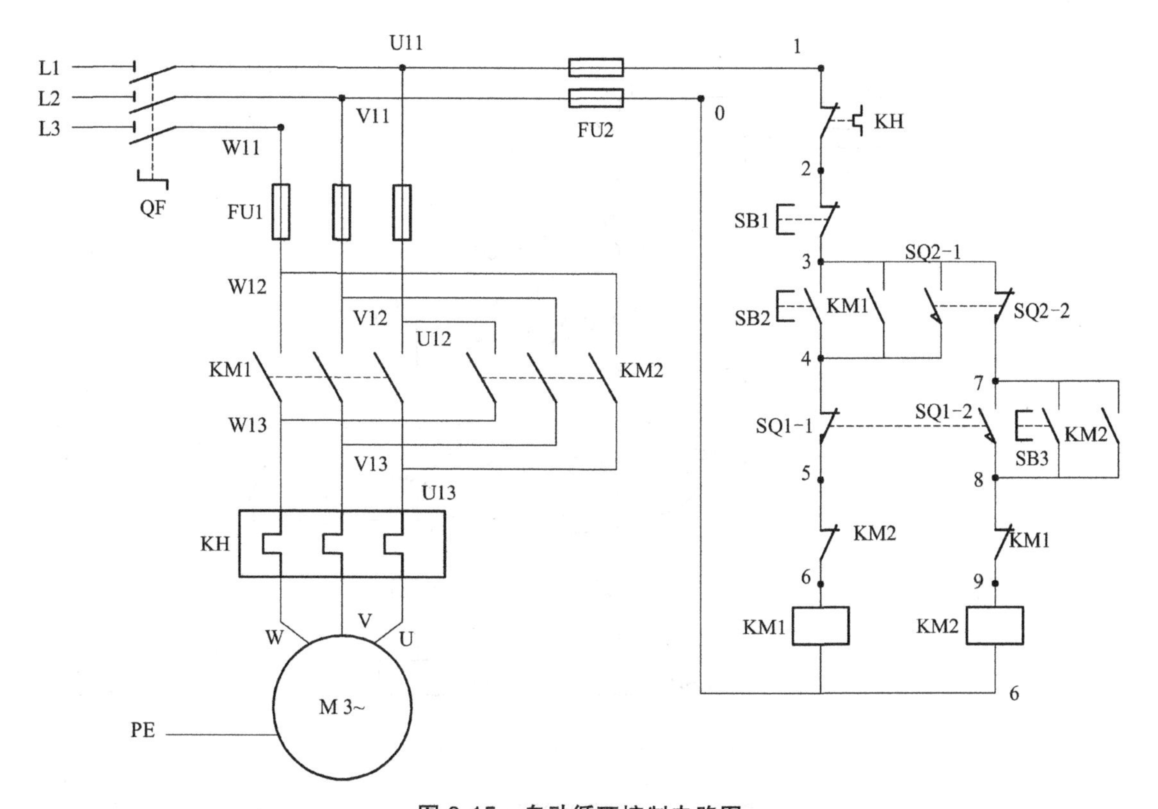

图 3-15 自动循环控制电路图

二、自动循环控制线路中各元器件的作用

正转接触器 KM1：主触头按 L1—L2—L3 相序接线，接通正转电路。在正转支路串接 KM2 的辅助常闭触头，防止 KM1 得电的同时 KM2 也得电而造成两相电源短路。正传接触器控制电动机正转从而实现工作台往一个方向（如左）运动。

反转接触器 KM2：主触头按 L3—L2—L1 相序接线，接通反转电路。同样在反转支路串接 KM1 的辅助常闭触头，防止 KM2 得电的同时 KM1 也得电而造成两相电源短路。反传接触器控制电动机反转从而实现工作台往相反方向（如右）运动。

行程开关 SQ1：限制工作台左行位置，SQ1-1 和 SQ1-2 为 SQ1 内机械联动的常开和常闭触头。

行程开关 SQ2：限制工作台右行位置。SQ1 和 SQ2 共同作用来自动切换电动机正反转控制电路。

三、自动循环控制线路构成（见图 3-16）

线路中采用了两个行程开关 SQ1 和 SQ2，正转用的接触器 KM1 由正转按钮 SB2 控制，按下 SB2 则电动机正转，带动工作台向左运动，当工作台运行到一个限制位置时，工作台边的挡铁碰撞行程开关 SQ1，使其触头动作，自动换接电动机反转控制电路；同样，反转使工作台右行到限制位置时碰撞行程开关 SQ2，自动切换电动机正转线路。这样就实现了工作台的自动往返运动。

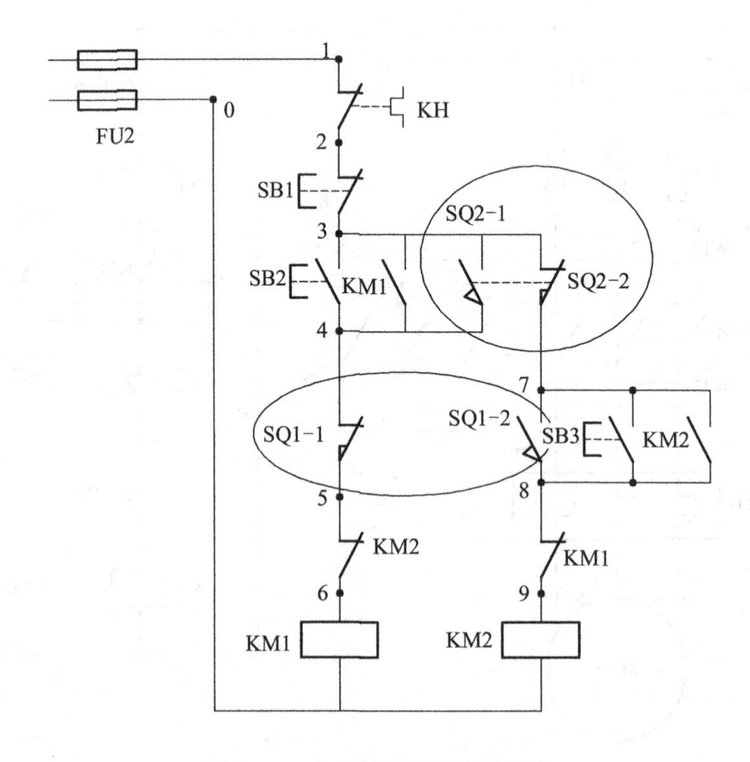

图 3-16 自动循环控制线路构成

四、自动循环控制线路的工作原理

（1）合上低压断路器（空气开关）QF。

（2）自动往返启动：按下正转启动按钮 SB2→正转接触器 KM1 线圈得电→正转接触器 KM1 主触头闭合和自锁触头闭合（同时 KM1 联锁触头分断对 KM2 联锁）→三相交流电动机 M 启动连续正转→工作台左移→至限定位置挡铁 1 撞击 SQ1→{SQ1-1 先分断→KM1 线圈失电；SQ1-2 后闭合}

→{KM1 联锁触头恢复闭合；KM1 自锁触头分断解除自锁；KM1 主触头分断}→电动机 M 停止左转，工作台停止左移

→KM2 线圈得电{KM2 主触头闭合；KM2 自锁触头闭合自锁；KM2 联锁触头分断对 KM1 联锁}→电动机 M 反转→工作台右移

→SQ_1 触头复位→至限定位置挡铁 2 撞击 SQ2→{SQ2-2 先分断→KM2 线圈失电；SQ2-1 后闭合}

→{KM2 联锁触头恢复闭合；KM2 自锁触头分断解除自锁；KM2 主触头分断}→电动机 M 停止反转，工作台停止右移

→KM1 线圈得电{KM1 主触头闭合；KM1 自锁触头闭合自锁；KM1 联锁触头分断对 KM2 联锁}→电动机又正转→工作台又左移……一直循环往复

（3）停止：按下停止按钮 SB1→整个控制电路失电→正转接触器 KM1（或 KM2）主触头恢复断开→三相交流电动机 M 断电停止运转。

五、自动循环控制线路的电器元件布置图（见图 3-17）

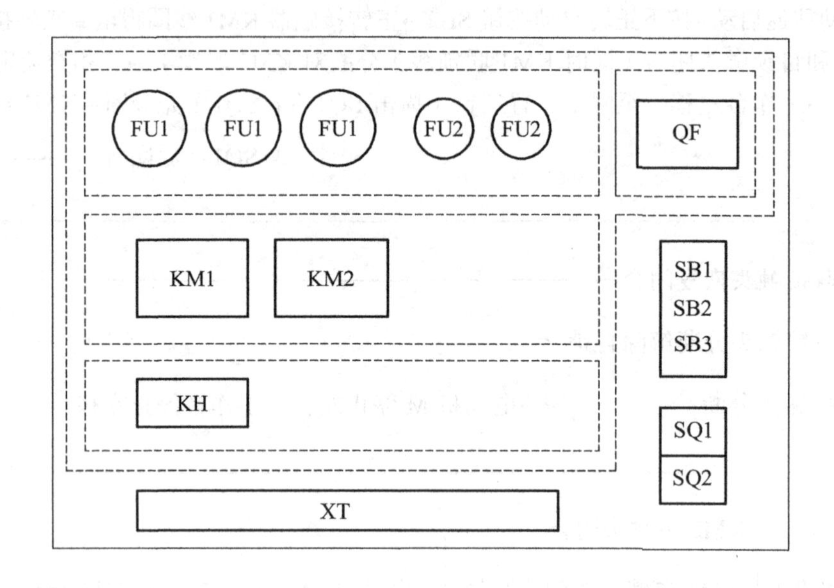

图 3-17 自动循环控制线路的电器元件布置图

实训 3-7 自动循环控制线路的安装与调试

1. 安装步骤及注意事项

参见实训 3-2 中的实训步骤，并熟悉安装工艺要求。

安装注意事项：

（1）安装的走线槽和电气元件要贴上醒目的文字符号。

（2）安装走线槽时，也应做到横平竖直、排列整齐、安装牢固、便于走线。

（3）各电气元件接线端子上引出或引入的导线，除间距很小时允许直接架空敷设外，其他导线必须经过走线槽进行连接。

（4）进入导线槽的导线要完全置于导线槽内，并应尽可能避免交叉，装线不要超过其容量的 70%。

（5）所有接线端子、导线线头上，都应套有与电路图上相应接点一致的编码套管，并按线号进行连接，接线必须牢固不得松动。

2. 通电调试

（1）通电效验时，必须先手动行程开关，试验各行程控制是否正常可靠。

（2）通电效验时，必须有教师在现场监护，学生应按照电路要求独立操作。

任务四　三相异步电动机的顺序控制与多地控制线路

理论六　顺序控制线路知识导入

工厂中很多机床要求第一台电机启动后才能启动第二台电机，顺序控制就是要求几台电动机的启动或停止必须按一定的先后顺序来完成的控制方式。如 X62W 型万能铣床要求主轴电机启动后，进给电机才能启动，M7120 型平面磨床则要求当砂轮电机启动后，冷却泵电动机才能启动。在装有多台电动机的生产机械上，各电动机所起的作用是不同的，有时需按一定的顺序启动或停止，才能保证操作过程的合理和工作的安全可靠。

顺序控制有主电路顺序控制和控制电路顺序控制两种控制方法，这里介绍第二种控制方法。

一、顺序控制电路图（见图 3-18）

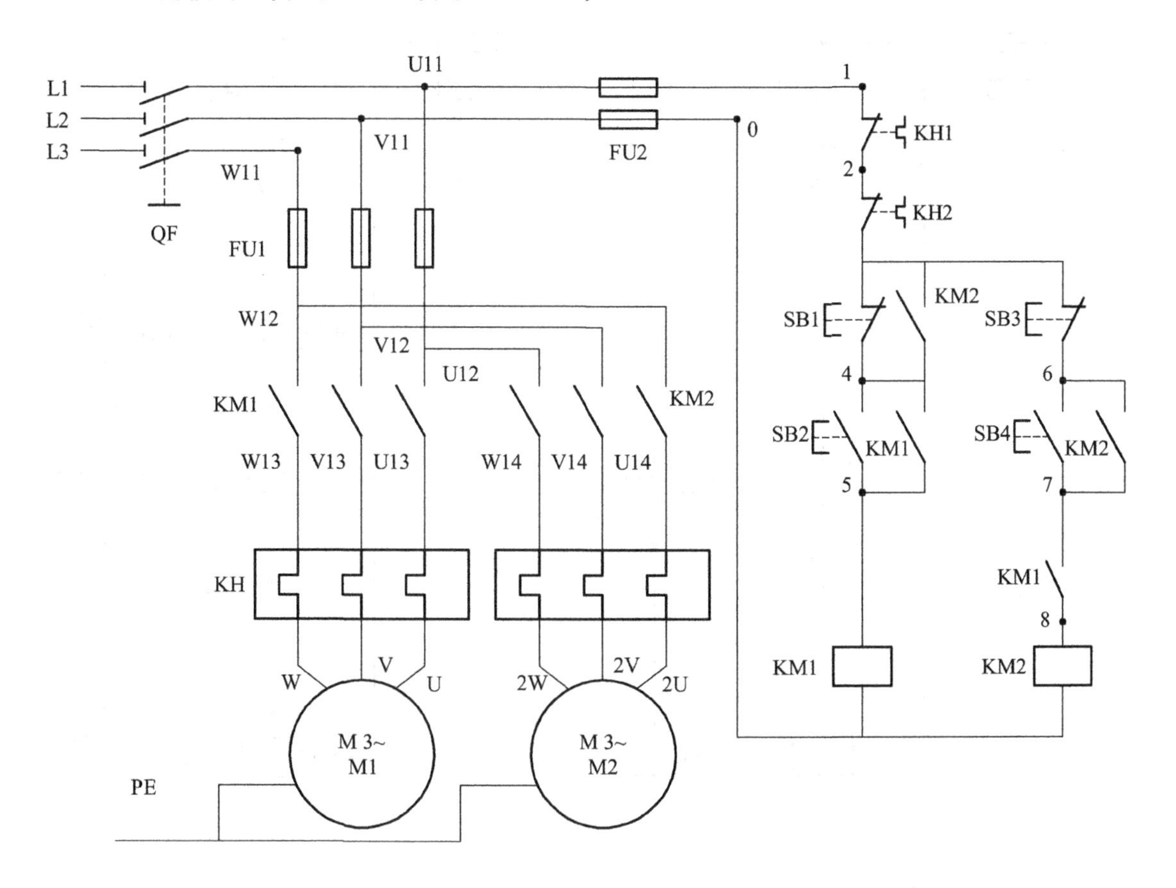

图 3-18　顺序控制电路图

二、顺序控制线路中各元器件的作用

接触器 KM1：KM1 控制电机 M1 先启动。

接触器 KM2：KM2 控制电机 M2 后启动。

按钮 SB1：并联了接触器 KM2 的辅助常开触头，从而实现 M1 启动后 M2 才能启动，M2 停止后 M1 才能停止，即电机 M1、M2 是顺序启动逆序停止。

三、顺序控制线路构成（见图 3-19）

此线路中，SB1 的两端并接了接触器 KM2 的辅助常开触头，由此来实现两台电动机“顺启逆停”的控制。按下 SB2，接触器 KM1 得电之后保障了第一条支路的接通和 7、8 点的接通[见图 3-19（a）]，这样当松开 SB2 按下 SB4 之后，接触器 KM2 才能得电，这样就实现了 KM1 控制的电动机 M1 启动之后 KM2 控制的电动机 M2 才能启动。相反的，松开 SB4 之后，只有按下 SB3 使 KM2 线圈失电，3、4 点之间的 KM2 辅助常开恢复断开之后，按下 SB1 才能使 KM1 线圈失电，从而实现电动机 M2 停止之后电动机 M1 才能停止。

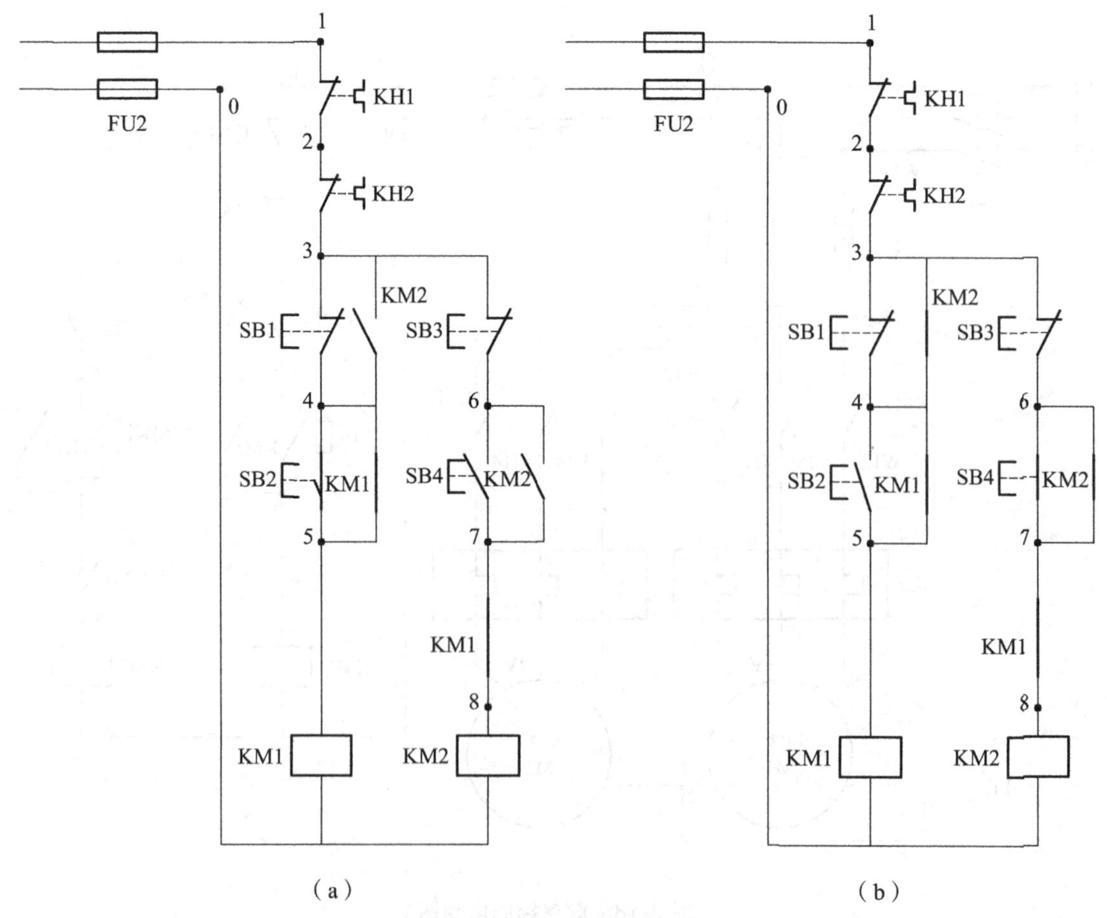

图 3-19　顺序控制线路构成

四、顺序控制线路的工作原理

（1）合上低压断路器（空气开关）QF。

（2）顺序启动：按下按钮 SB2→接触器 KM1 线圈得电→ { 接触器 KM1 主触头闭合；KM1 自锁触头闭合自锁 } → { 三相交流电动机 M1 连续转动；再按下按钮 SB4→接触器 KM2 线圈得电→ { 接触器 KM2 主触头闭合；KM2 自锁触头闭合自锁 } →三相交流电动机 M2 连续转动 }

（3）停止：按下停止按钮 SB3→接触器 KM2 线圈失电→电动机 M2 停止转动

再按下停止按钮 SB1→接触器 KM1 线圈失电→电动机 M1 停止转动

五、顺序控制线路的电器元件布置图（见图 3-20）

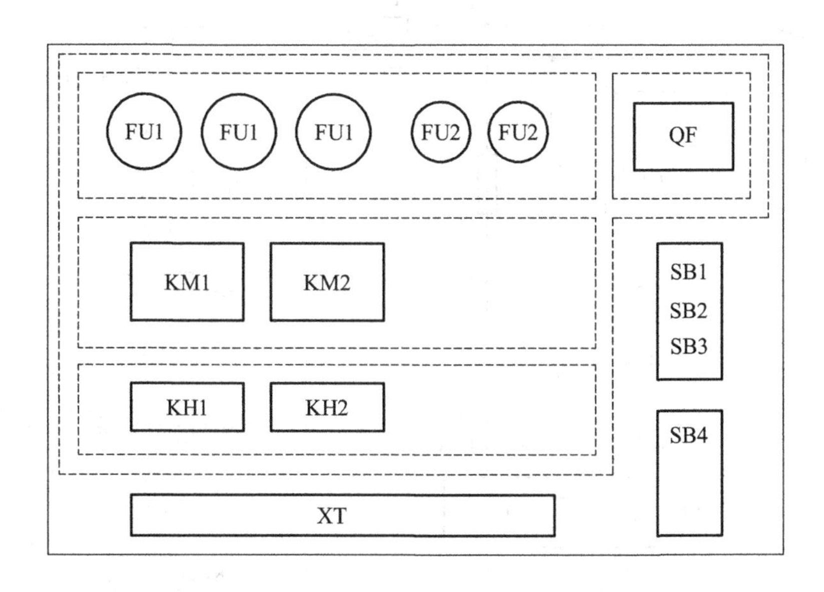

图 3-20　顺序控制线路的电器元件布置图

实训 3-8　顺序控制线路的安装与调试

1. 安装步骤及注意事项

参见实训 3-2 中的实训步骤，并熟悉安装工艺要求。

安装注意事项：

通电试车前，应熟悉线路的操作顺序，即先合上电源开关 QF，然后按下 SB2 后按下 SB4 顺序启动，按下 SB3 后按下 SB1 逆序停止。

2. 通电调试

通电试车时，注意观察电动机、各电气元件及线路各部分工作是否正常。若发现异常，必须立即切断电源开关 QF 而不是按下 SB3、SB1，因为此时停止按钮可能已经失去作用。

理论七　多地控制线路知识导入

多地控制就是能在两地或多地控制同一台电动机的控制方式。

一、多地控制电路图（见图 3-21）

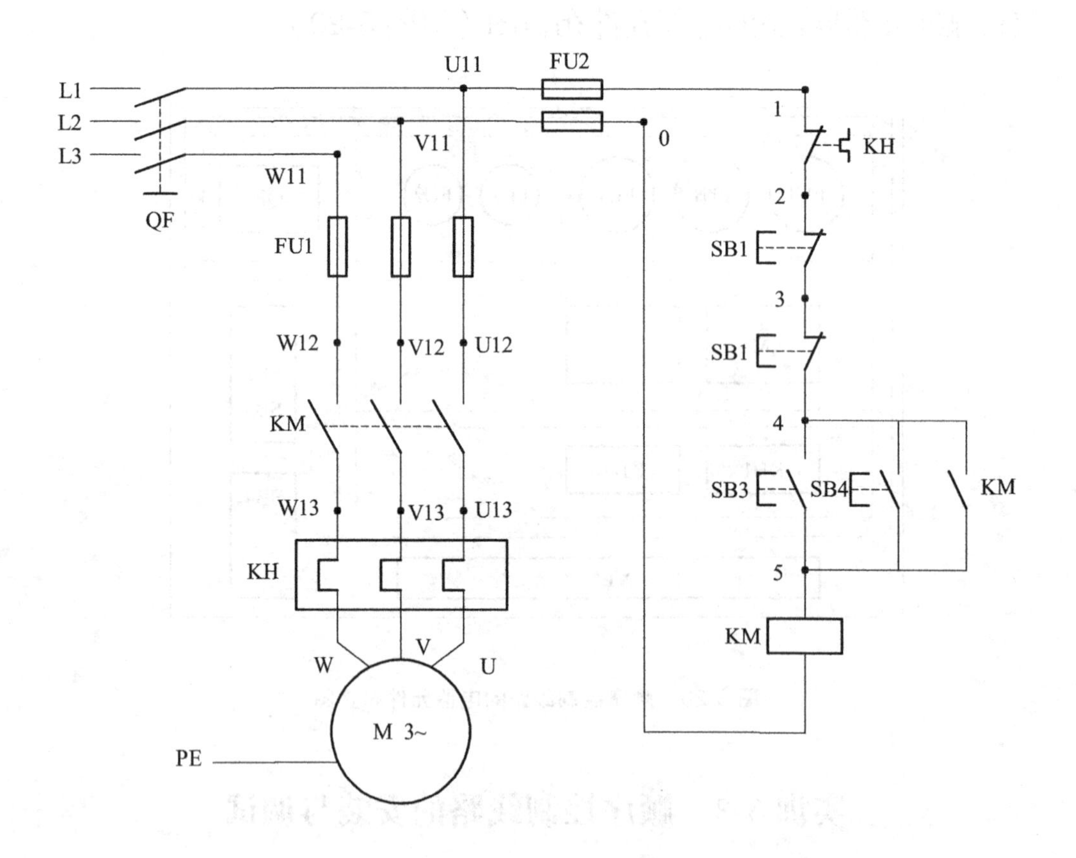

图 3-21　多地控制电路图

二、多地控制线路线路构成（见图 3-22）

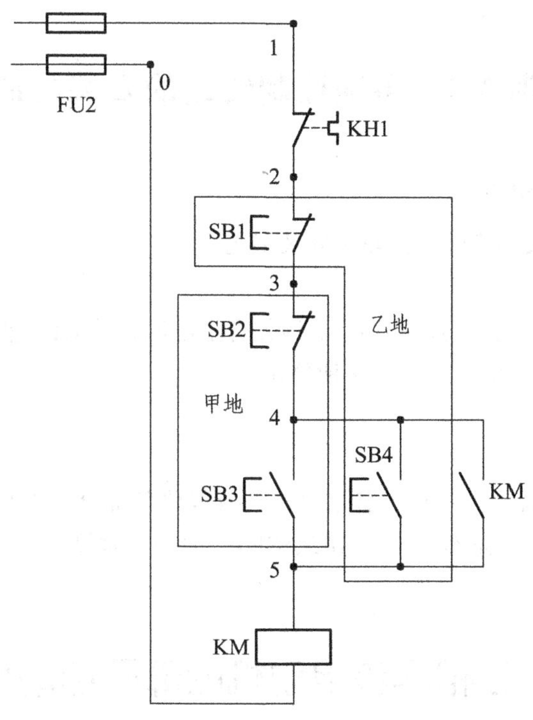

图 3-22　多地控制线路构成

此线路中，SB2、SB3 为安装在甲地的启动按钮和停止按钮；SB1、SB4 为安装在乙地的启动按钮和停止按钮。此线路是通过把两地的启动按钮并接在一起，停止按钮串接在一起，这样就可以实现在甲乙两地分别启动和停止同一台电动机，使操作方便。三地或者多地控制也是如此，只要把各地的启动按钮并接，停止按钮串接，就可以实现。

三、工作原理

（1）合上低压断路器（空气开关）QF。

（2）甲地启动：按下启动按钮 SB3→接触器 KM 线圈得电{接触器 KM 主触头闭合；自锁触头闭合}→三相交流电动机 M 连续转动

乙地启动：按下启动按钮 SB4→接触器 KM 线圈得电{接触器 KM 主触头闭合；自锁触头闭合}→三相交流电动机 M 连续转动

甲地停止：按下停止按钮 SB2→接触器 KM 线圈失电→电动机 M 停止转动

乙地停止：按下停止按钮 SB1→接触器 KM 线圈失电→电动机 M 停止转动

实训 3-9　多地控制线路的安装与调试

1. 安装步骤及注意事项

参见实训 3-2 中的实训步骤，并熟悉安装工艺要求。

安装注意事项：

通电试车前，应熟悉线路的操作顺序，即先合上电源开关 QF，然后按下 SB3 或按下 SB4 后多地启动，按下 SB2 或按下 SB1 后多地停止。

2. 通电调试

通电试车时，注意观察电动机、各电气元件及线路各部分工作是否正常。若发现异常，必须立即切断电源开关 QF 而不是按下 SB2、SB1，因为此时停止按钮可能已经失去作用。

任务五　三相异步电动机的降压启动控制线路

理论八　Y-△降压启动控制线路知识导入

降压启动控制是利用启动设备将电压适当降低后，加到电动机的定子绕组上进行启动，待电动机启动运转后，再使其电压恢复到额定电压正常运转的控制方法。

一、Y-△降压启动控制控制电路图（见图 3-23）

启动时加在电动机定子绕组上的电压为电动机的额定电压，属于全压启动。之前学习的电路都是全压启动全压运行电路。全压启动的优点是所用电气设备少，线路简单，维修量较小。但是其启动电流较大，一般为额定电流的 4～7 倍。如果电动机功率较大，则会导致输出电压下降，影响电动机本身和同一供电线路中的其他电气设备。因此，较大容量的电动机启动时，须采用降压启动的方法。由于电流随电压的降低而减小，所以降压启动达到了减小启动电流的目的。

电动机启动时接成 Y 形，加在每相定子绕组上的启动电压只有△接法的 $\frac{1}{\sqrt{3}}$，启动电流为△形接法的 $\frac{1}{3}$，启动转矩也只有△形接法的 $\frac{1}{3}$。因此适用于轻载或空载下启动。

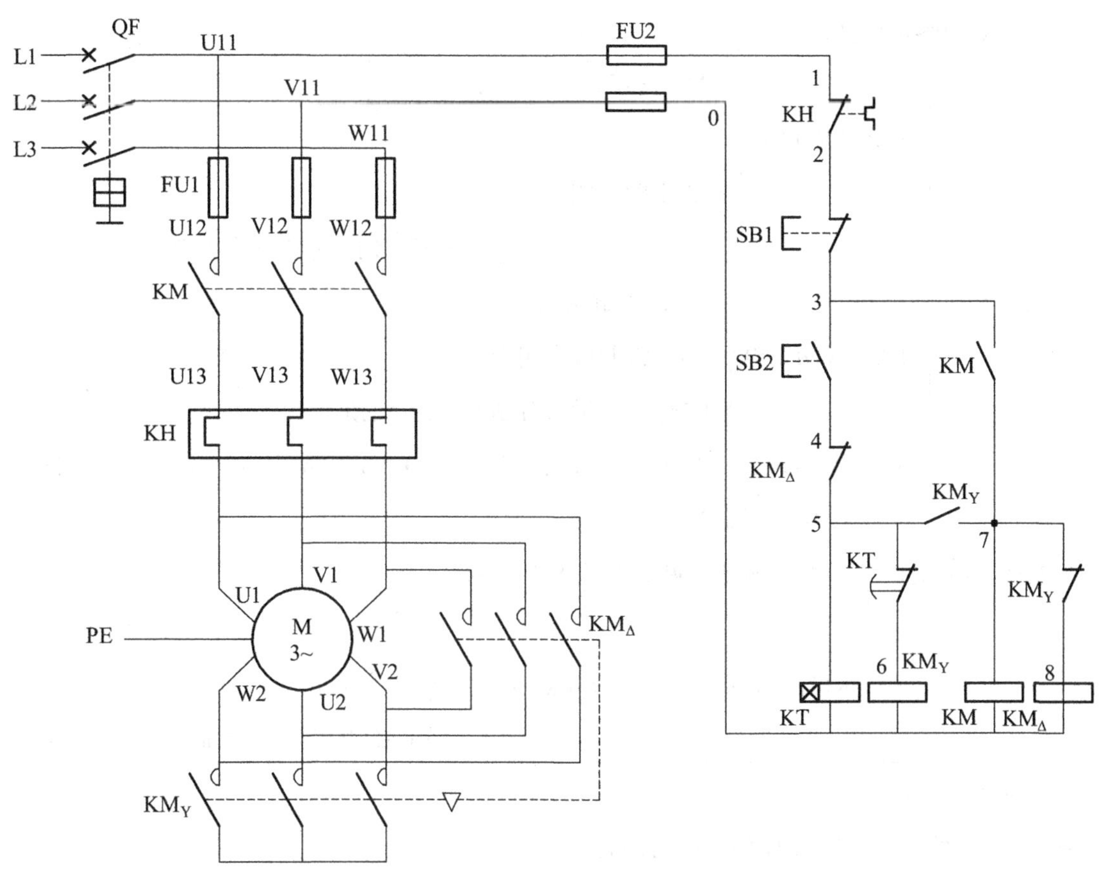

图 3-23　Y-△降压启动控制控制电路图

二、Y-△降压启动控制控制线路中各元器件的作用

接触器 KM：做引入电源用。

星型启动接触器 KM_Y：作 Y 降压启动。

三角形运转接触器 KM_Δ：作△形运行用。

时间继电器 KT：用作 Y 形降压启动时间和完成 Y-△自动切换。。

三、Y-△降压启动控制控制线路的构成

时间继电器自动控制 Y-△降压启动控制线路由三个接触器、一个热继电器、一个时间继电器和两个按钮组成。接触器 KM_Y 得电以后，通过 KM_Y 的辅助常开触头使接触器 KM 得电动作，这样 KM_Y 的主触头是在无负载的条件下闭合的，这样就达到了无负载启动的条件。

四、Y-△降压启动控制控制线路的工作原理

（1）合上低压断路器（空气开关）QF。

（2）Y 型降压启动：

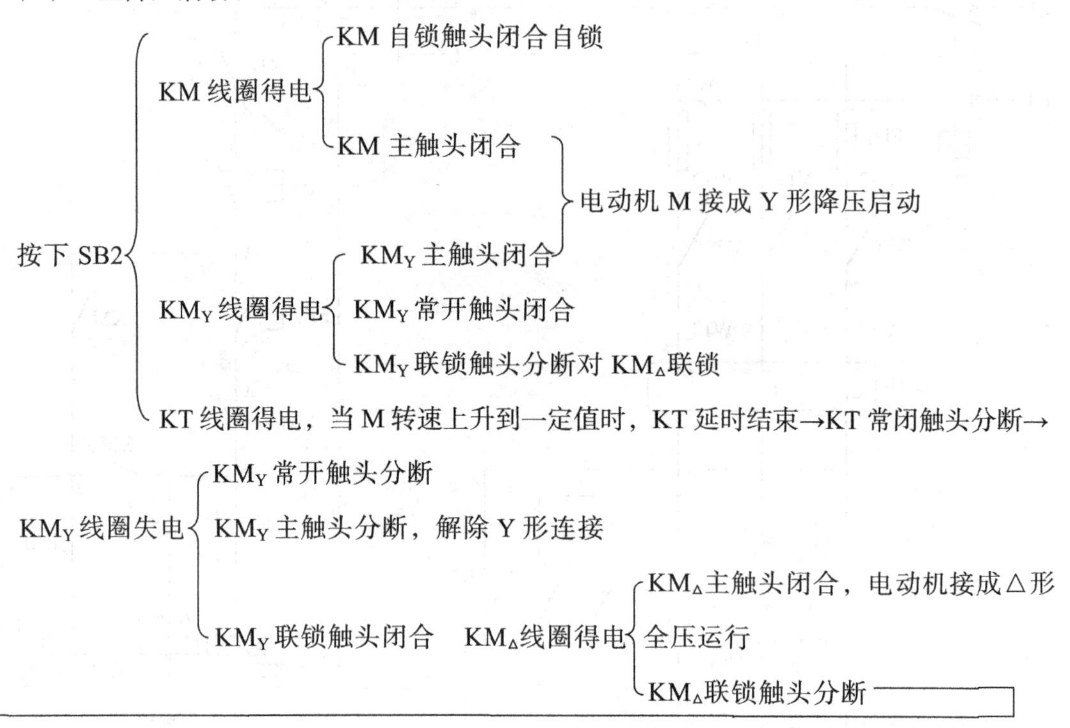

对 KM_Y 联锁

→ KT 线圈失电→KT 常闭触头瞬时闭合

（3）停止：按下停止按钮 SB1→三相交流电动机 M 断电停止运转

五、Y-△降压启动控制控制线路电器元件布置图（见图 3-24）

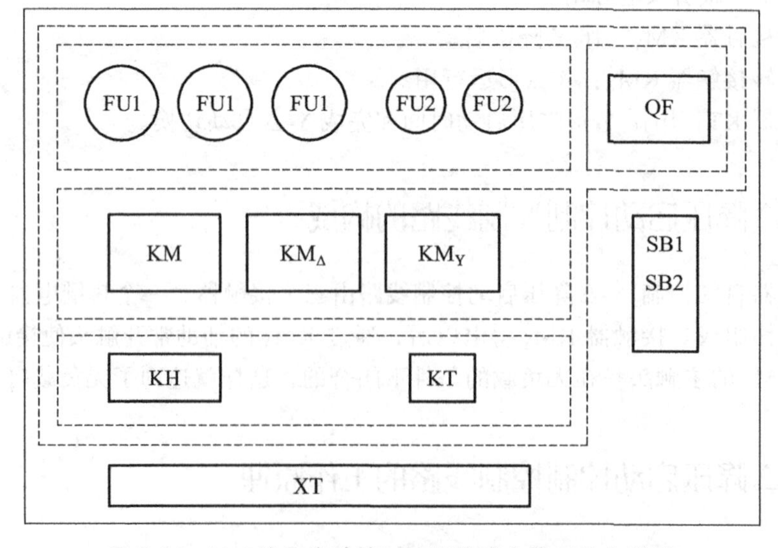

图 3-24　Y-△降压启动控制控制线路电器元件布置图

实训 3-10　Y-△降压启动控制线路的安装与调试

1. 安装步骤及注意事项

参见实训 3-2 中的实训步骤，并熟悉安装工艺要求。

安装注意事项：

（1）用 Y-△降压启动控制的电动机，必须有 6 个出线端子，且定子绕组在△形接法时的额定电压等于三相电源的线电压。

（2）接线时，要保证电动机△形接法的正确性，即接触器主触头闭合时，应保证定子绕组的 U1 与 W2、V1 与 U2、W1 与 V2 相连接。

（3）接触器 KM_Y 的进线必须从三相定子绕组的末端引入，若误将其首端引入，则在 KM_Y 吸合时，会产生三相电源短路事故 KM_Y。

（4）进入导线槽的导线要完全置于导线槽内，必须以能确保安全为条件。

（5）通电试验前，要再次检查熔体规格及时间继电器、热继电器各整定值是否符合要求。

2. 通电调试

（1）通电效验时，必须有教师在现场监护，学生应按照电路要求独立操作，若出现故障也应自行排除。

（2）安装训练应在规定时间内完成，同时要做到安全操作和文明生产。

任务六　三相异步电动机的制动控制线路

理论九　制动控制线路知识导入

制动控制是给电动机一个与转动方向相反的转矩使它迅速停转（或限制其转速）的控制方式。能耗制动的优点是制动准确、平稳，且能量消耗较小；缺点是需要附加直流电源装置，设备费用较高，制动力较弱，在低速时转动力矩小。因此能耗制动一般用于要求制动准确、平稳的场合，如磨床、立体铣床等的控制线路中。

一、无变压器单相半波整流单向启动能耗制动控制线路

1. 无变压器单相半波整流单向启动能耗制动控制电路图（见图 3-25）

能耗制动原理：在电动机切断交流电源后，通过立即在定子绕组的任意两相中通入直流电，以消耗转子惯性运转的动能来进行制动的，所以称为能耗制动，又称动能制动。

无变压器单相半波整流单向启动能耗制动自动控制线路采用单相半波整流器作为直流电

源。常用于 10 kW 以下小容量电动机。对于 10 kW 以上容量电动机，则多采用有变压器单相桥式整流能耗自动控制线路，此时直流电源有单相桥式整流器提供。

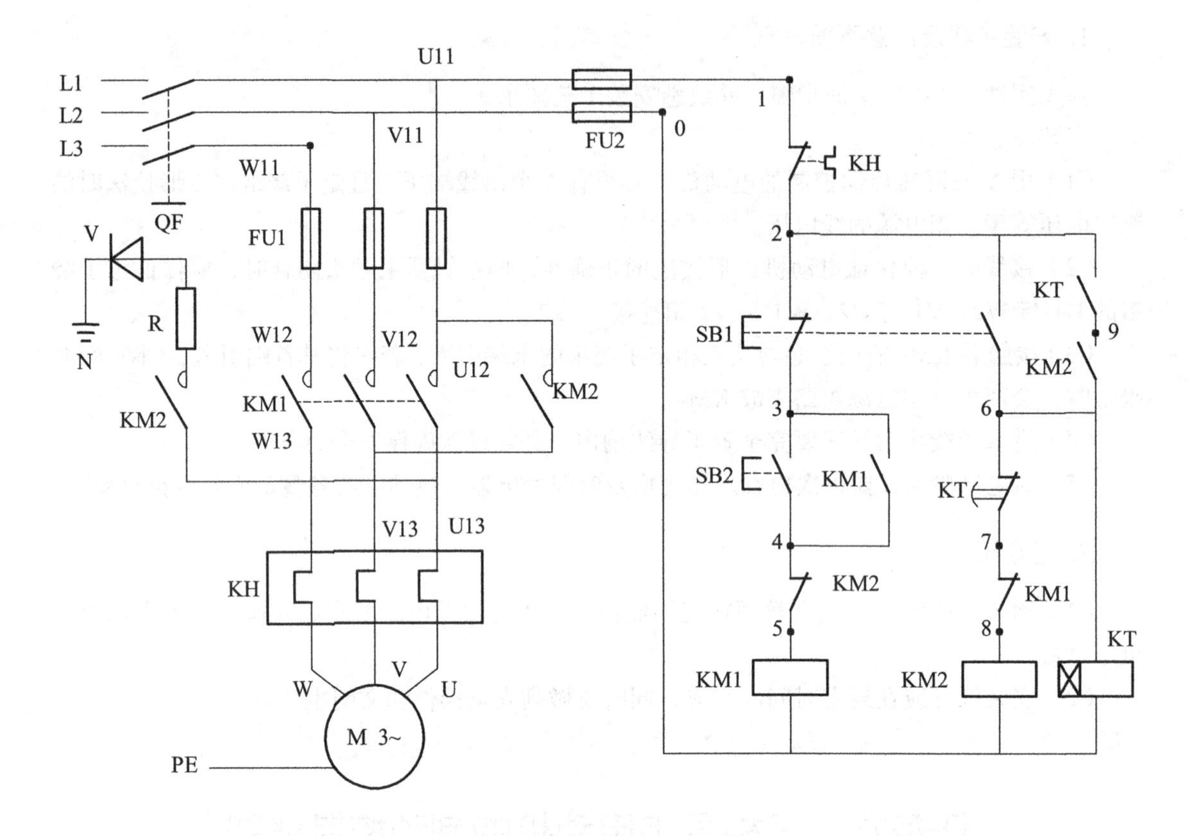

图 3-25　单向启动能耗制动控制电路图

2. 无变压器单相半波整流单向启动能耗制动控制线路中各元器件的作用

接触器 KM1：KM1 控制电机 M1 单向启动运转。

接触器 KM2：KM2 控制电机 M2 能耗制动停转。

二极管 V 和电阻 *R*：单相半波整流器。二极管具有单向导通性，把交流电变成了半波的直流电，整体作为一个直流电源用。

3. 无变压器单相半波整流单向启动能耗制动控制线路的工作原理

（1）合上低压断路器（空气开关）QF。

（2）单向启动运转：

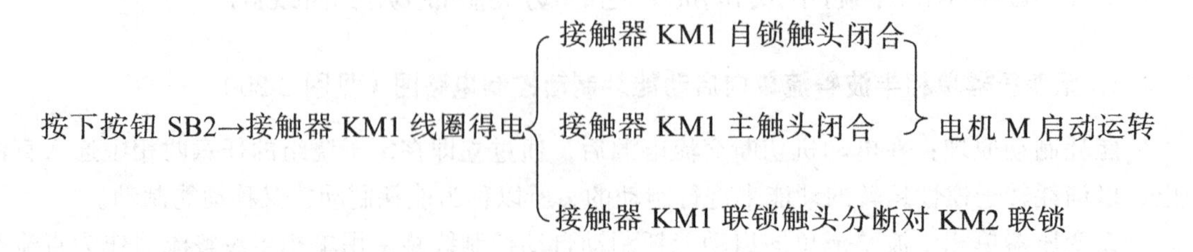

（3）能耗制动停转：

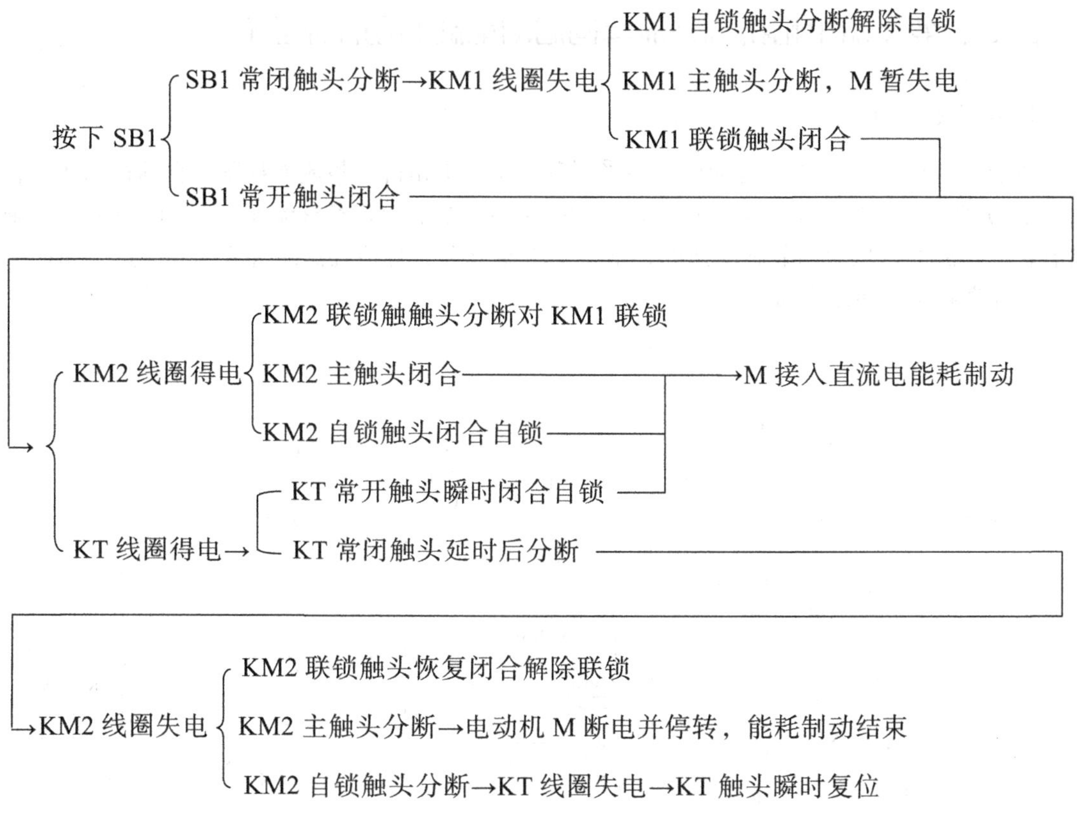

图 3-25 中 KT 瞬时闭合常开触头的作用是：当 KT 出现线圈断线或机械卡住等故障时，按下 SB2 后能使电动机制动后脱离直流电源。

4. 无变压器单相半波整流单向启动能耗制动控制线路的电器元件布置图（见图 3-26）

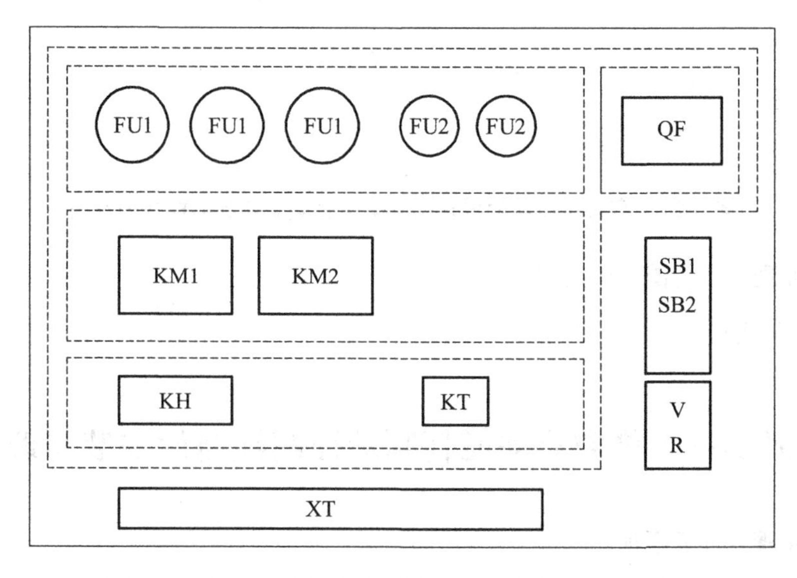

图 3-26　单向启动能耗制动控制线路的电器元件布置图

二、有变压器单相桥式整流单向启动能耗制动控制线路

1. 电路图

对于 10 kW 以上容量的电动机，多采用有变压器单相桥式整流能耗制动自动控制线路，如图 3-27 所示，其中直流电源由单相桥式整流器 VC 供给，TC 是整流变压器，电阻 *R* 是用来调节直流电流的，从而调节制动强度，整流变压器一次侧与整流器的直流侧同时进行切换，有利于提高触头的使用寿命。

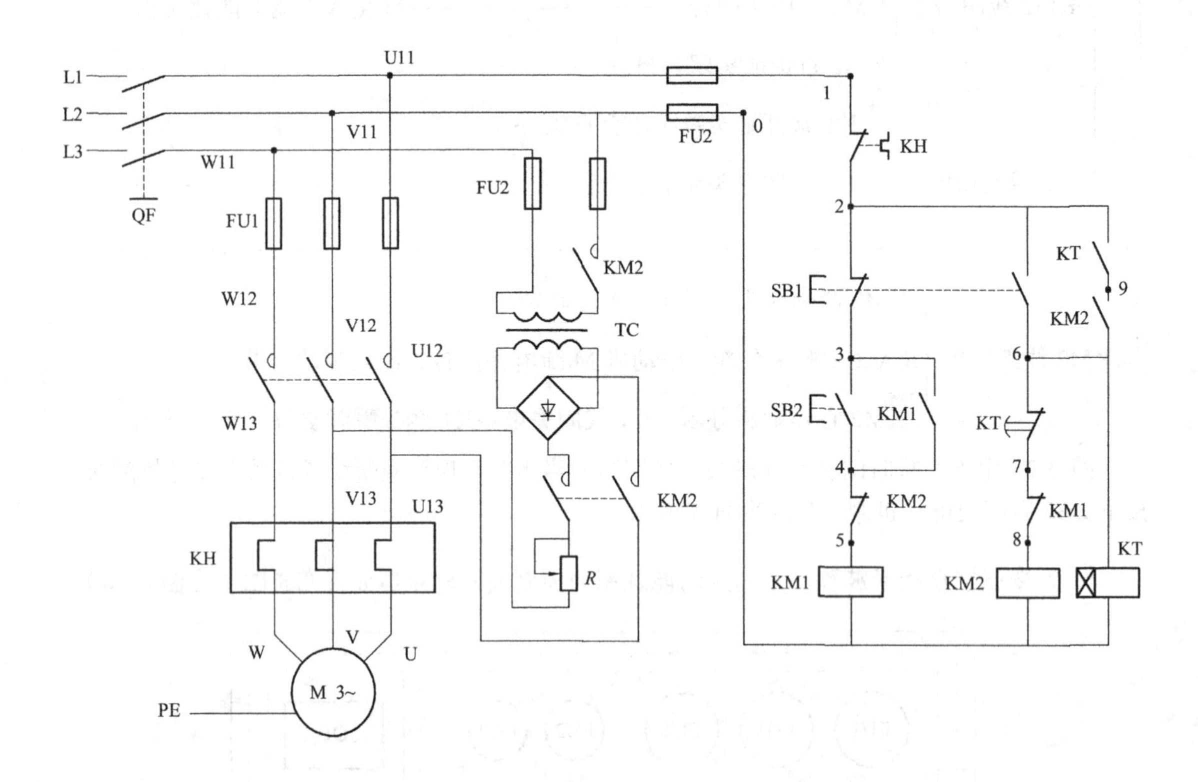

图 3-27　有变压器单相桥式整流单向启动能耗制动控制电路图

2. 工作原理、布置图、接线图

请自行分析实践。

实训 3-11　单向启动能耗制动控制线路的安装与调试

1. 安装步骤及注意事项

参见实训 3-2 中的实训步骤，并熟悉安装工艺要求。

安装注意事项：

（1）选择合理的导线走向，做好导线通道的支持准备，并安装控制板外部的所有元器件。

（2）进行控制箱外部布线，并在导线线头上套装与电路图相同线号的编码套管。对于可移动的导线通道应放适当的余量，使金属软管在运动时不承受拉力，并按规定在通道内放好备用导线。

（3）检查电路的接线是否正确和接地通道是否具有连续性。

（4）检查热继电器的整定值是否符合要求。各级熔断器的熔体是否符合要求，如不符合要求应予以更换。

（5）检查电动机的安装是否牢固，与生产机械传动装置的连接是否可靠。

2. 通电调试

（1）不要漏接接地线。严禁采用金属软管作为接地通道。

（2）在导线通道内敷设的导线进行接线时，必须集中思想，做到查出一根导线，立即套上编码套管，接上后再进行复验。

（3）在安装、调试过程中，工具、仪表的使用应符合要求。

（4）通电操作时，必须严格遵守安全操作规程。

任务七　双速异步电动机的控制线路

理论十　双速异步电动机的控制知识导入

由三相异步电动机的转速公式可知

$$n=\frac{(1-s)60f_1}{p}$$

改变异步电动机转速可通过三种方法来实现：一是改变电源频率f_1，二是改变转差率s，三是改变磁极对数p。其中，改变电源频率f_1的调速叫变频调速，这种调速方法要专用的变频调速装置，是无级调速，现已广泛用于风机、水泵、数控机床主轴等的电动机调速控制中；改变转差率 s 的调整方法也要有配套的装置，并且电动机一定是特殊的滑差电动机或转子串电阻专用电动机，调速范围较窄，只能在一定范围内调速；改变异步电动机的磁极对数调速称为变极调速，变极调速是通过改变定子绕组的连接方式来实现的，它是有级调速，且只适合用于笼型异步电动机，常见的多速度电动机有双速、三速、四速等几种类型。多速电动机具有可随负载性质的要求而分级地变换转速，从而达到功率的合理匹配和简化变速系统的特点，适用于需要逐级调速的各种机构，主要应用于万能、组合、专用切削机床及矿山冶金、纺织、印染、化工、农机等行业中。

一、时间继电器控制双速电机电路图（见图 3-28）

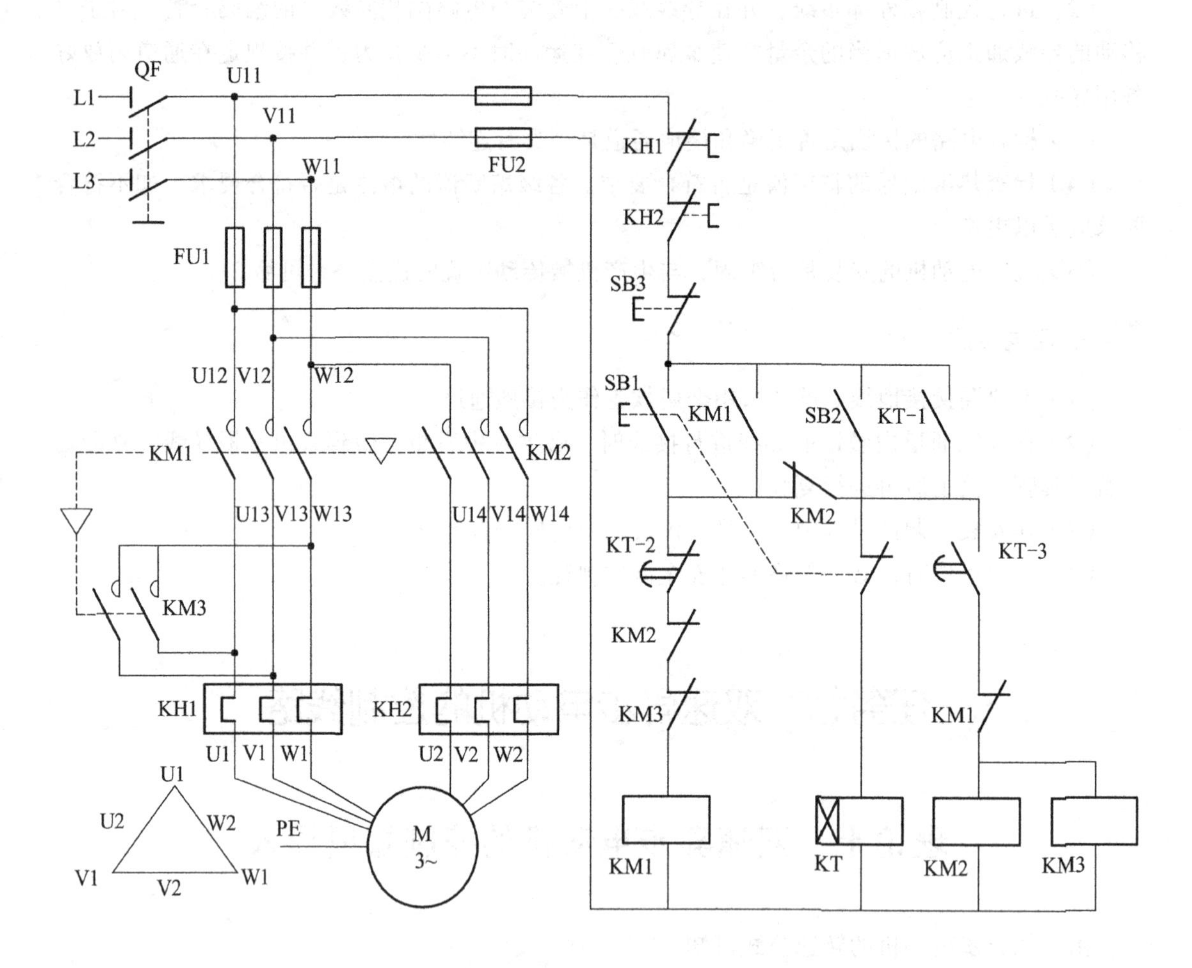

图 3-28　时间继电器控制双速电机电路图

二、时间继电器控制双速电机的控制线路中各元器件的作用

接触器 KM1：控制电动机 M 接成△形低速启动运转。

接触器 KM2：控制电动机 M 接成 YY 形高速运转。

接触器 KM3：双速电动机 M 电子绕组从一种接法改变为另一种接法时，通过 KM3 使电源相序反接，以保证电动机的旋转方向不变。

时间继电器 KT：是一个通电延时型时间继电器，控制电动机△形启动时间和△-YY 的自动换接运转。KT-1 是时间继电器的瞬时常开触头，KT 线圈得电，瞬间闭合。KT-2 是 KT 的延时断开瞬时闭合的常闭触头，KT 线圈得电之后经过一段时间此触头才延时断开，KT 线圈失电之后则立即恢复闭合。KT-3 是 KT 的瞬时断开延时闭合常开触头，KT 线圈得电之后经过一段时间此触头才延时闭合，KT 线圈失电之后则立即恢复断开。

三、时间继电器控制双速电机的控制线路构成

变级调速：改变电动机的磁极对数调速称为变级调速。通过改变电动机定子绕组的连接方式来实现变级调速的控制方式。有多级调速但只适用于笼形异步电动机。

双速异步电动机定子绕组的△/YY 联结如图 3-29 所示。图中，三相定子绕组接成△形，由三个连接点接出三个出线端 U1、V1、W1，从每相绕组的中点各接出一个线圈 U2、V2、W2，这样定子绕组共有 6 个出线端。通过改变这 6 个出线端与电源的连接方式，就可以得到两种不同的转速。

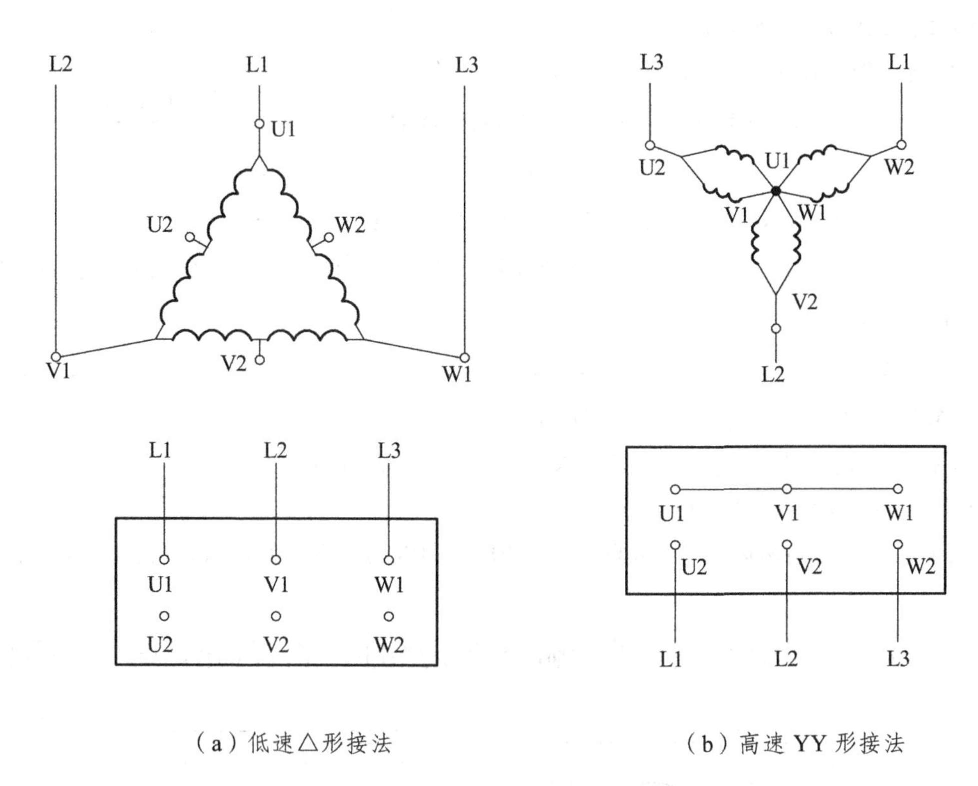

（a）低速△形接法　　（b）高速 YY 形接法

图 3-29　双速异步电动机三相定子绕组的△/YY 接线图

要使电动机在低速，就把三相电源分别接至定子绕组作△形联结顶点的出线端 Ul、V1、W1 上，另外三个出线端 U2、V2、W2 空着不接，如图 3-29（a）所示，此时电动机定子绕组接成△形，磁极为 4 极，同步转速为 1 500 r/min；若要使电动机高速工作，就把三个出线端 Ul、V1、W1 并接在一起，另外三个出线端 U2、V2、W2 分别接到三相电源上，如图 3-29（b）所示，这时电动机定子绕组接成 YY 形，磁极为 2 极，同步转速为 3 000 r/min。可见，双速电动机高速运转时的转速是低速运转转速的 2 倍。

四、时间继电器控制双速电机控制线路的工作原理

（1）合上电源开关 QF。

（2）△形低速启动运转：

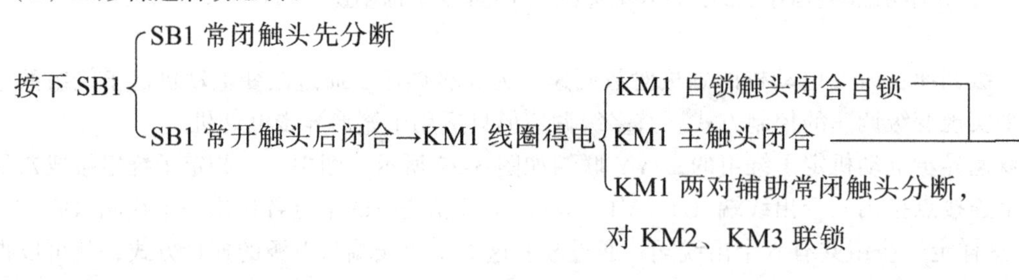

→电动机 M 接成△形低速启动运转

（3）YY 形高速运转：

按下 SB2→KT 线圈得电→KT-1 常开触头瞬时闭合自锁 —经 KT 整定时间→

→ KT-2 先分断→KM1 线圈失电 { KM1 常开触头均分断；KM1 常闭触头恢复闭合 }

→ KT-3 后闭合

KM1 常闭触头恢复闭合、KT-3 后闭合→KM2、KM3 线圈得电→

→ KM2、KM3 联锁触头分断对 KM1 联锁

→ KM2、KM3 主触头闭合→电动机 M 接成 YY 形高速运转

（4）停止：按下 SB3 即可。

若电动机只需高速运转时，可直接按下 SB2，则电动机△形低速启动后，YY 形高速运转。

五、时间继电器控制双速电机控制线路的电器元件布置图（见图 3-30）

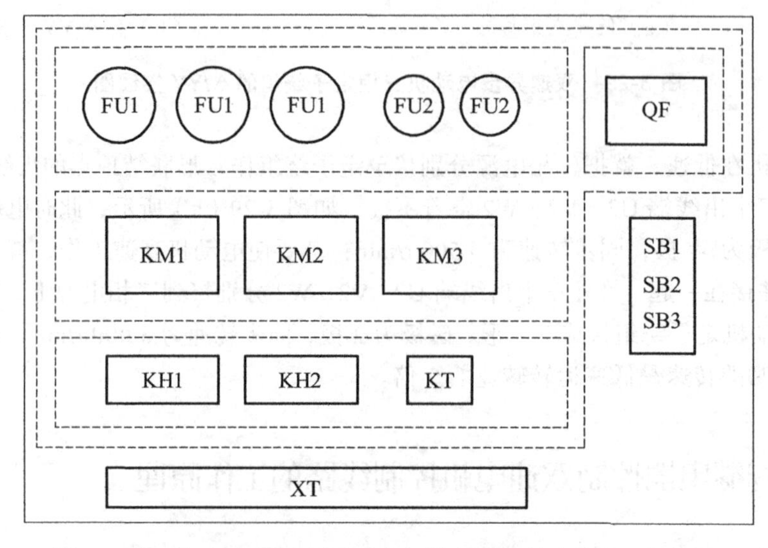

图 3-30　时间继电器控制双速电机控制线路的电器元件布置图

实训 3-12　时间继电器控制双速电机控制线路的安装与调试

1. 安装步骤及注意事项

参见实训 3-2 中的实训步骤，并熟悉安装工艺要求。

安装注意事项：

（1）选择合理的导线走向，做好导线通道的支持准备，并安装控制板外部的所有元器件。

（2）进行控制箱外部布线，并在导线线头上套装与电路图相同线号的编码套管。对于可移动的导线通道应放适当的余量，使金属软管在运动时不承受拉力，并按规定在通道内放好备用导线。

（3）检查电路的接线是否正确和接地通道是否具有连续性。

（4）检查热继电器的整定值是否符合要求。各级熔断器的熔体是否符合要求，如不符合要求应予以更换。

（5）检测电动机及线路的绝缘电阻，清理安装场地。

2. 通电调试

（1）不要漏接接地线。严禁采用金属软管作为接地通道。

（2）在导线通道内敷设的导线进行接线时，必须集中思想，做到查出一根导线，立即套上编码套管，接上后再进行复验。

（3）在安装、调试过程中，工具、仪表的使用应符合要求。

（4）通电操作时，必须严格遵守安全操作规程。

项目四

生产机械的电气控制线路及其安装、调试与维修

任务一　Z3050 型摇臂钻床电气控制线路

钻床是一种用途广泛的孔加工机床。它主要是用钻头钻削精度要求不太高的孔，另外还可用来扩孔、铰孔、镗孔，以及刮平面、攻螺纹等。钻床的结构形式很多，有立式钻床、卧式钻床、深孔钻床及多轴钻床等。摇臂钻床是一种立式钻床，它适用于单件或批量生产中带有多孔的大型零件的孔加工。本节以 Z3050 型摇臂钻床为例进行分析。

Z3050 型摇臂钻床的型号含义如图 4-1 所示。

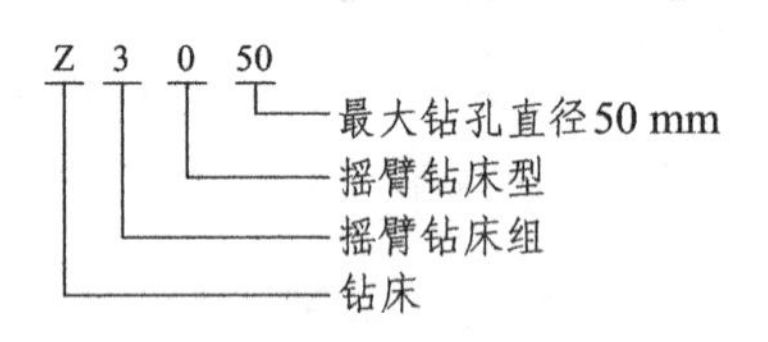

图 4-1

一、主要结构及运动形式

图 4-2 是 Z3050 摇臂钻床的外形图。Z3050 摇臂钻床主要由底座、内立柱、外立柱、摇臂、主轴箱、工作台等组成。内立柱固定在底座上，在它外面套着空心的外立柱，外立柱可绕着内立柱回转一周，摇臂一端的套筒部分与外立柱滑动配合，借助于丝杆，摇臂可沿着外立柱上下移动，但两者不能做相对转动，所以摇臂将与外立柱一起相对内立柱回转。主轴箱是一个复合的部件，它具有主轴及主轴旋转部件和主轴进给的全部变速和操纵机构。主轴箱可沿着摇臂上的水平导轨做径向移动。当进行加工时，可利用特殊的夹紧机构将外立柱紧固在内立柱上，摇臂紧固在外立柱上，主轴箱紧固在摇臂导轨上，然后进行钻削加工。钻削加工时，主运动为主轴的旋转运动；进给运动为主轴的垂直移动；辅助运动为摇臂在外立柱上的升降运动、摇臂与外立柱一起沿内立柱的转动及主轴箱在摇臂上的水平移动。

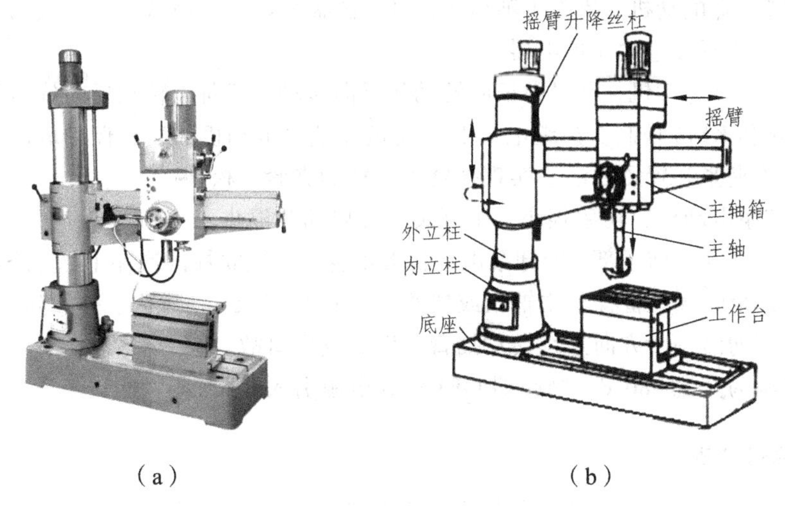

（a）（b）

图 4-2 Z3050 摇臂钻床结构示意图

二、摇臂钻床的电力拖动及控制要求

（1）由于摇臂钻床的运动部件较多，为简化传动装置，需使用多台电动机拖动，主轴电动机承担主钻削及进给任务，摇臂升降、夹紧放松和冷却泵各用一台电动机拖动。

（2）为了适应多种加工方式的要求，主轴及进给应在较大范围内调速。但这些调速都是机械调速，用手柄操作变速箱调速，对电动机无任何调速要求。主轴变速机构与进给变速机构在一个变速箱内，由主轴电动机拖动。

（3）加工螺纹时要求主轴能正反转。摇臂钻床的正反转一般用机械方法实现，电动机只需单方向旋转。

（4）摇臂升降由单独的一台电动机拖动，要求能实现正反转。

（5）摇臂的夹紧与放松以及立柱的夹紧与放松由一台异步电动机配合液压装置来完成，要求这台电动机能正反转。摇臂的回转和主轴箱的径向移动在中小型摇臂钻床上都采用手动。

（6）钻削加工时，为对刀具及工件进行冷却，需要一台冷却泵电动机拖动冷却泵输送冷却液。

（7）各部分电路之间有必要的保护和联锁。

三、电气控制线路分析

Z3050 型摇臂钻床的电气控制线路的主电路和控制电路见书后附图。

1. 主电路分析

Z3050 型摇臂钻床共有四台电动机，除冷却泵电动机采用开关直接启动外，其余三台异步电动机均采用接触器直接启动。

M1 是主轴电动机，由交流接触器 KM1 控制，只要求单方向旋转，主轴的正反转由机械手柄操作。M1 装在主轴箱顶部，带动主轴及进给传动系统，热继电器 FR1 是过载保护元件。

M2 是摇臂升降电动机，装于主轴顶部，用接触器 KM2 和 KM3 控制正反转。因为该电动机短时间工作，故不设过载保护电器。

M3 是液压油泵电动机，可以做正向转动和反向转动。正向旋转和反向旋转的启动与停止由接触器 KM4 和 KM5 控制。热继电器 FR2 是液压油泵电动机的过载保护电器。该电动机的主要作用是供给夹紧装置压力油、实现摇臂和立柱的夹紧与松开。

M4 是冷却泵电动机，功率很小，由开关直接启动和停止。

电源配电盘在立柱前下部。冷却泵电动机 M4 装于靠近立柱的底座上，升降电动机 M2 装于立柱顶部，其余电气设备置于主轴箱或摇臂上。由于 Z3050 钻床内、外柱间未装设汇流环，故在使用时，请勿沿一个方向连续转动摇臂，以免发生事故。

主电路电源为交流 380 V，断路器 QF1 作为电源引入开关。

2. 控制电路分析

开车前的准备工作：为保证操作安全，本钻床具有“开门断电”功能。所以开车前应将立柱下部及摇臂后部的电门盖关好，方能接通电源。合上 QF3（5 区）及总电源开关 QF1（1 区），则电源指示灯 HL1（9 区）显亮，表示钻床的电气线路已进入带电状态。

1）主轴电动机 M1 的控制

按启动按钮 SB3（11 区），则接触器 KM1 吸合并自锁，使主电动机 M1 启动运行，同时指示灯 HL2（8 区）亮。按停止按钮 SB2（11 区），则接触器 KM1 释放，使主电动机 M1 停止旋转，同时指示灯 HL2 熄灭。

2）摇臂升降控制

Z3050 型摇臂钻床摇臂的升降由 M2 拖动，SB4（13 区）和 SB5（14 区）分别为摇臂升、降的点动按钮，由 SB4、SB5 和 KM2、KM3 组成具有双重互锁的 M2 正反转点动控制电路。因为摇臂平时是夹紧在外立柱上的，所以在摇臂升降之前，先要把摇臂松开，再由 M2 驱动升降；摇臂升降到位后，再重新将它夹紧。

（1）摇臂上升。

按下上升按钮 SB4（13 区），则时间继电器 KT1（12 区）通电吸合，其瞬时闭合的常开触头（15 区）闭合，接触器 KM4 线圈（15 区）通电，液压泵电动机 M3 启动，正向旋转，供给压力油。压力油经分配阀体进入摇臂的“松开油腔”，推动活塞移动，活塞推动菱形块，将摇臂松开。同时活塞杆通过弹簧片压下位置开关 SQ2，使其常闭触头（15 区）断开，常开触头（13 区）闭合。前者切断了接触器 KM4 的线圈电路，KM4 主触头（6 区）断开，液压泵电动机 M3 停止工作。后者使交流接触器 KM2 的线圈（13 区）通电，KM2 的主触头（4 区）接通 M2 的电源，摇臂升降电动机 M2 启动旋转，带动摇臂上升。如果此时摇臂尚未松开，则位置开关 SQ2 的常开触头则不能闭合，接触器 KM2 的线圈无电，摇臂就不能上升。

当摇臂上升到所需位置时，松开按钮 SB4，则接触器 KM2 和时间继电器 KT_1 同时断电释放，M2 停止工作，随之摇臂停止上升。

（2）摇臂下降。

按下下降按钮 SB5，则时间继电器 KT1（12 区）通电吸合，其瞬时闭合的常开触头（15 区）闭合，接触器 KM4 线圈（15 区）通电，液压泵电动机 M3 启动，正向旋转，供给压力油。

压力油经分配阀体进入摇臂的“松开油腔”，推动活塞移动，活塞推动菱形块，将摇臂松开。同时活塞杆通过弹簧片压下位置开关 SQ2，使其常闭触头（15 区）断开，常开触头（13 区）闭合。前者切断了接触器 KM4 的线圈电路，KM4 主触头（6 区）断开，液压泵电动机 M3 停止工作。后者使交流接触器 KM3 的线圈（14 区）通电，KM3 的主触头（5 区）接通 M2 的电源，摇臂升降电动机 M2 启动旋转，带动摇臂下降。如果此时摇臂尚未松开，则位置开关 SQ2 的常开触头则不能闭合，接触器 KM3 的线圈无电，摇臂就不能下降。

当摇臂下降到所需位置时，松开按钮 SB5，则接触器 KM3 和时间继电器 KT1 同时断电释放，M2 停止工作，随之摇臂停止下降。

由于时间继电器 KT1 断电释放，经 1～3 s 的时间延时后，其延时闭合的常开触头（17 区）闭合，使接触器 KM5（17 区）吸合，液压泵电动机 M3 反向旋转，随之泵内压力油经分配阀进入摇臂的“夹紧油腔”使摇臂夹紧。在摇臂夹紧后，活塞杆推动弹簧片压下位置开关 SQ3，其常闭触头（17 区）断开，KM5 断电释放，M3 最终停止工作，完成了摇臂的松开→上升（或下降）→夹紧的整套动作。

组合开关 SQ1a（13 区）和 SQ1b（14 区）作为摇臂升降的超程限位保护。当摇臂上升到极限位置时，压下 SQ1a 使其断开，接触器 KM2 断电释放，M2 停止运行，摇臂停止上升；当摇臂下降到极限位置时，压下 SQ1b 使其断开，接触器 KM3 断电释放，M2 停止运行，摇臂停止下降。

摇臂的自动夹紧由位置开关 SQ3 控制。如果液压夹紧系统出现故障，不能自动夹紧摇臂，或者因 SQ3 的位置安装调整不当，在摇臂已夹紧后不能使 SQ3 的常闭触头断开，都会使液压泵电动机 M3 因长期过载运行而损坏。为此电路中设有热继电器 FR2，其整定值应根据电动机 M3 的额定值电流进行整定。

摇臂升降电动机 M2 的正反转接触器 KM2 和 KM3 不允许同时获电动作，以防止电源相间短路。为避免因操作失误，主触头熔焊等原因而造成短路事故，在摇臂上升和下降的控制电路中采用了接触器联锁和复合按钮联锁，以确保电路安全工作。

3）主轴箱和立柱的夹紧与放松控制

立柱和主轴箱的夹紧（或放松）既可以同时进行，也可以单独进行，由转换开关 SA1（20 区）和复合按钮 SB6（18 区）[或 SB7（19 区）]分别进行控制。SA1 有三个位置，扳到中间位置时，立柱和主轴箱的夹紧（或放松）同时进行；扳到左边位置时，立柱夹紧（或放松）；扳到右边位置时，主轴箱夹紧（或放松）。复合按钮 SB6 是松开控制按钮，SB7 是夹紧控制按钮。

（1）立柱和主轴箱同时松开、夹紧。

将转换开关 SA1 拨到中间位置，然后按下松开按钮 SB6，时间继电器 KT2 线圈（18 区）、KT3 线圈（19 区）同时得电。KT2 的延时断开的常开触头（20 区）瞬时闭合，电磁铁 YA1、YA2 得电吸合。而 KT3 延时闭合常开触头（16 区）经 1～3 s 延时后闭合，使接触器 KM4 获电吸合，液压泵电动机 M3 正转，供出的压力油进入立柱和主轴箱的松开油腔，使立柱和主轴箱同时松开。

松开 SB6，时间继电器 KT2、KT3 的线圈断电释放，KT3 延时闭合的常开触头（16 区）瞬时分断，接触器 KM4 断电释放，液压泵电动机 M3 停转。KT2 延时分断的常开触头（20 区）经 1～3 s 后分断，电磁铁 YA1、YA2 线圈断电释放，立柱和主轴箱同时松开的操作结束。

立柱和主轴箱同时夹紧的工作原理与松开相似，只要按下 SB_7，使接触器 KM_5 获电吸合，液压泵电动机 M3 反转即可。

（2）立柱和主轴箱单独松开、夹紧。

如果希望单独控制主轴箱，可将转换开关 SA1 扳到右侧位置。按下松开按钮 SB6（或夹紧按钮 SB7），时间继电器 KT2 和 KT3 的线圈同时得电，这时只有电磁铁 YA2 单独通电吸合，从而实现主轴箱的单独松开（或夹紧）。

松开复合按钮 SB6（或 SB7），时间继电器 KT2 和 KT3 的线圈断电释放，KT3 的通电延时闭合的常开触头瞬时断开，接触器 KM4（或 KM5）的线圈断电释放，液压泵电动机 M3 停转。经 1 ~ 3 s 的延时后，KT2 延时分断的常开触头（20 区）分断，电磁铁 YA2 的线圈断电释放，主轴箱松开（或夹紧）的操作结束。

同理，把转换开关 SA1 扳到左侧，则使立柱单独松开或夹紧。

因为立柱和主轴箱的松开与夹紧是短时间的调整工作，所以采用点动控制。

4）冷却泵电动机 M4 的控制

扳动断路器 QF2，就可以接通或切断电源，操纵冷却泵电动机 M4 的工作或停止。

3. 辅助电路分析

包括照明和信号指示电路。照明电路的工作电压为安全电压 36 V，信号指示灯的工作电压为 6 V，均由控制变压器 TC 提供。由熔断器 FU2 作短路保护，EL 是照明灯，HL1 是电源指示灯，HL2 是主轴指示灯。

Z3050 摇臂钻床的电气元件明细如表 4-1 所示。

表 4-1　Z3050 摇臂钻床的电气元件明细表

代号	名称	型号	规格	数量	用途
M1	主轴电动机	Y112M-4	4 kW、1 440 r/min	1	驱动主轴及进给
M2	摇臂升降电动机	Y90L-4	1.5 kW、1 400 r/min	1	驱动摇臂升降
M3	液压油泵电动机	Y802-4	0.75 kW、1 390 r/min	1	驱动液压系统
M4	冷却泵电动机	AOB-25	90 W、2 800 r/min	1	驱动冷却泵
KM1	交流接触器	CJ0-20B	线圈电压 110 V	1	控制主轴电动机
KM2 ~ KM5	交流接触器	CJ0-10B	线圈电压 110 V	4	控制 M2、M3 正反转
FU1 ~ FU3	熔断器	BZ-001A	2 A	3	控制、指示、照明电路的短路保护
KT1、KT2	时间继电器	JJSK2-4	线圈电压 110 V	2	
KT3	时间继电器	JJSK2-2	线电圈压 110 V	1	
FR1	热继电器	JR0-20/3D	6.8 ~ 11 A	1	M1 过载保护
FR2	热继电器	JR020-/3D	1.5 ~ 2.4 A	1	M3 过载保护
QF1	低压断路器	DZS-20/330FSH	10 A	1	总电源开关
QF2	低压断路器	DZS-20/330H	0.3 ~ 0.45 A	1	M4 控制开关
QF3	低压断路器	DZS-20/330H	6.5 A	1	M2、M3 电源开关

续表 4-1

代号	名称	型号	规格	数量	用途
YA1、YA2	交流电磁铁	MFJ1-3	线圈电压 11 0V	2	液压分配
TC	控制变压器	BK-150	380/110-24-6 V	1	控制、指示、照明电路供电
SB1	按钮	LAY3-11ZS/1	红色	1	总停止开关
SB2	按钮	LAY3-11		1	主轴电动机停止
SB3	按钮	LAY3-11D	绿色	1	主轴电动机启动
SB4	按钮	LAY3-11		1	摇臂上升
SB5	按钮	LAY3-11		1	摇臂下降
SB6	按钮	LAY3-11		1	松开控制
SB7	按钮	LAY3-11		1	夹紧控制
SQ1	组合开关	HZ4-22		1	摇臂升降限位
SQ2、SQ3	位置开关	LX5-11		2	摇臂松、紧限位
SQ4	门控开关	JWM6-11		1	门控
SA1	万能转换开关	LW6-2/8071		1	液压分配开关
HL1	信号灯	XD1	6 V、白色	1	电源指示
HL2	指示灯	XD1	6 V	1	主轴指示
EL	钻床工作灯	JC-25	40 W、24 V	1	钻床照明

四、Z3050 型摇臂钻床常见电气故障的诊断与检修

Z3050 型摇臂钻床控制电路的独特之处，在于其摇臂升降及摇臂、立柱和主轴箱松开与夹紧的电路部分，Z3050 型摇臂钻床的工作过程是由电气、机械以及液压系统精密配合实现的。因此，在维修中不仅要注意电气部分能否正常工作，而且也要注意机械与液压部分的协调关系。下面主要分析这部分电路的常见故障：

1. 摇臂不能松开

摇臂作升降运动的前提是摇臂必须完全松开。摇臂和主轴箱、立柱的松、紧都是通过液压泵电动机 M3 的正反转来实现的，因此先检查一下主轴箱和立柱的松、紧是否正常。如果正常，则说明故障不在两者的公共电路中，而在摇臂松开的专用电路上。如时间继电器 KT 的线圈有无断线，其动合触点在闭合时是否接触良好，限位开关 SQ1 的触点 SQ1-1、SQ1-2 有无接触不良，等等。

如果主轴箱和立柱的松开也不正常，则故障多发生在接触器 KM4 和液压泵电动机 M3 这部分电路上。如 KM4 线圈断线、主触点接触不良，KM5 的动断互锁触点接触不良等。如果是 M3 或 FR2 出现故障，则摇臂、立柱和主轴箱既不能松开，也不能夹紧。

2. 摇臂不能升降

除前述摇臂不能松开的原因之外，可能的原因还有：

（1）行程开关 SQ2 的动作不正常，这是导致摇臂不能升降最常见的故障。如 SQ2 的安装位置移动，使得摇臂松开后，SQ2 不能动作，或者是液压系统的故障导致摇臂放松不够，SQ2 也不会动作，摇臂就无法升降。SQ2 的位置应结合机械、液压系统进行调整，然后紧固。

（2）摇臂升降电动机 M2、控制其正反转的接触器 KM2、KM3 以及相关电路发生故障，也会造成摇臂不能升降。在排除了其他故障之后，应对此进行检查。

（3）如果摇臂是上升正常而不能下降，或是下降正常而不能上升，则应单独检查相关的电路及电器部件（如按钮开关、接触器、限位开关的有关触点等）。

3. 摇臂上升或下降到极限位置时，限位保护失灵

检查限位保护开关 SQ1，通常是 SQ1 损坏或是其安装位置移动。SQ1 的失灵分两种情况：一是组合开关 SQ1 损坏，SQ1 触头不能因开关动作而闭合或接触不良使线路断开，由此使摇臂不能上升或下降；二是组合开关 SQ1 不能动作，触头熔焊，使线路始终处于接通状态，当摇臂上升或下降到极限位置后，摇臂升降电动机 M2 发生堵转，这时应立即松开 SB4 或 SB5。根据故障现象，分析找出原因，更换或修理失灵的组合开关 SQ1 即可。

4. 摇臂升降到位后夹不紧

如果摇臂升降到位后夹不紧（而不是不能夹紧），通常是行程开关 SQ3 的故障造成的。如果 SQ3 移位或安装位置不当，使 SQ3 在夹紧动作未完全结束就提前吸合，M3 提前停转，从而造成夹不紧。

5. 摇臂的松紧动作正常，但主轴箱和立柱的松、紧动作不正常

应重点检查：

（1）控制按钮 SB5、SB6，其触点有无接触不良，或接线松动。

（2）液压系统出现故障。

五、Z3050 摇臂钻床电气控制线路的故障检修实训

1. 目的及要求

掌握 Z3050 摇臂钻床电气控制线路的故障分析及检修方法。

2. 工具与仪表

（1）工具：测电笔、电工刀、剥线钳、尖嘴钳、斜口钳、起子等。

（2）仪表：M47 型万用表、5050 型兆欧表。

3. 常见电气故障分析与检修的方法和步骤

摇臂钻床电气控制的特殊环节是摇臂升降。Z3050 系列摇臂钻床的工作过程是由电气与机械、液压系统紧密结合实现的，其常见电气故障分析与检修的方法和步骤如表 4-2 所示。

表 4-2　常见电气故障分析与检修的方法和步骤

故障现象	故障点	分析方法
摇臂不能升降	SQ2	由摇臂升降过程可知，升降电动机 M2 旋转，带动摇臂升降，其前提是摇臂完全松开活塞杆压位置开关 SQ2。如果 SQ2 不动作，常见故障是 SQ2 安装位置移动。这样，摇臂虽已放松，但活塞杆压不上 SQ2，摇臂就不能升降。有时，液压系统发生故障，使摇臂放松不够，也会压不上 SQ2，使摇臂不能移动。由此可见，SQ2 的位置非常的重要，应配合机械、液压调整好后紧固。 电动机 M3 电源相序接反时，按上升按钮 SB4（或下降按钮 SB5），M3 反转，使摇臂夹紧，SQ2 应不动作，摇臂也就不能升降。所以，在机床大修或新安装后，要检查电源相序。
摇臂升降后，摇臂夹不紧	SQ3	由摇臂升降后夹紧的动作过程可知，夹紧动作的结束是由位置开关 SQ3 来完成的。如果 SQ3 动作过早，使 M3 尚未充分夹紧时就停转。常见的故障有 SQ3 安装位置不合适，或固定螺丝松动造成 SQ3 移位，使 SQ3 在摇臂夹紧动作未完成时就被压上，切断了 KM5 回路，M_3 停转。

4. 训练内容

在模拟的 Z3050 摇臂钻床控制线路板上，人为地在主控线路上设置两个隐蔽故障，要求在规定的时间内，采用正确的检修方法排除故障。

方法与步骤：

（1）通电观察故障现象；

（2）采用逻辑分析法缩小故障范围，并在电路图上用虚线标出故障部位的最小范围；

（3）采用测量法，正确、迅速查出故障点；

（4）根据不同故障点的实际情况，采用正确的维修方法排除故障；

（5）排除故障后通电试车。

5. 评分标准

项目	考核要求与评分标准	配分	扣分	得分
检修故障	① 切断电源后不验电扣 5 分 ② 使用仪表和工具不正确，每次扣 5 分 ③ 检查故障的方法不正确扣 10 分 ④ 查出故障不会排除，每个故障点扣 20 分 ⑤ 检修中扩大故障范围扣 10 分 ⑥ 少查出故障，每个扣 20 分 ⑦ 少排除故障，每个扣 10 分 ⑧ 损坏电器元件扣 30 分 ⑨ 检修中或检修后试车操作不正确，每次扣 5 分	70		
安全文明生产	① 防护用品穿戴不齐全扣 5 分 ② 检修结束后未恢复原状扣 5 分 ③ 检修中丢失零件扣 5 分 ④ 出现短路或触电扣 10 分	10		
工时	1 h，检查故障不允许超时，修复故障允许超时，每超过 5 min 扣 5 分，最多可延时 20 min。	20		
合计		100		
备注	各项扣分最高不超过该项配分			

6. 注意事项

（1）检修前要先熟悉电气控制线路的基本环节及控制要求。
（2）检修所用的工具、仪表应符合使用要求。
（3）检修思路和方法要正确，严禁扩大和产生新的故障。
（4）排除故障时，必须修复故障点，不得采用元件代换法。
（5）遵守带电检修，断电排除的原则，确保用电安全。
（6）故障排除通电试车正常后，必须先切断电源，方可拆卸电源线和电动机接线。
（7）检修过程中，必须有指导教师监护。

任务二　CA6140 型车床电气控制线路

一、CA6140 车床的主要结构及型号意义

1. CA6140 车床的主要结构

车床是一种应用极为广泛的金属切削机床，适用于加工各种轴类、套筒类和盘类零件上的回转表面，例如车削内外圆柱面、圆锥面、环槽及成型回转表面，加工端面及各种常用的螺纹，还能进行钻孔、铰孔、滚花等工作。

如图 4-3 所示为机械加工应用最广的 CA6140 型普通车床的外观结构图，主要由床身、主轴变速箱、进给箱、溜板箱、刀架、卡盘、尾架、丝杠和光杠等部件组成。

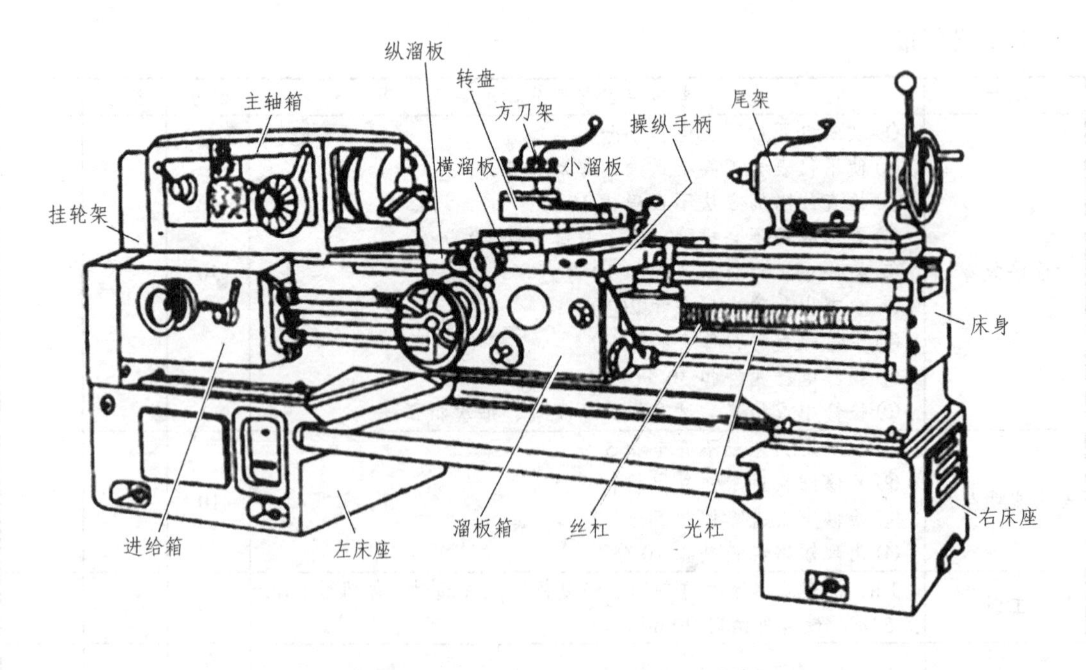

图 4-3　CA6140 型卧式车床的外观及其结构

2. CA6140 车床的型号意义（见图 4-4）

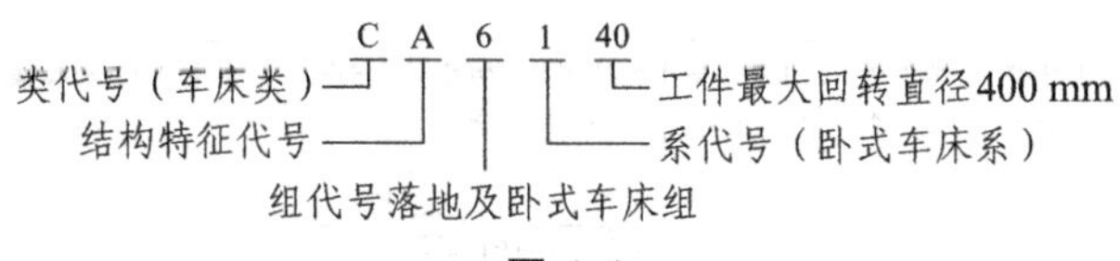

图 4-4

二、CA6140 车床的主要运动形式及控制要求

1. 主要运动形式

（1）主运动：主拖动电动机带动主轴通过卡盘或顶尖带动工件的旋转。

（2）进给运动：主轴电动机的动力通过挂轮箱传递给进给箱，实现刀架带动刀具的直线进给。

（3）辅助运动：包括刀架快速移动电动机拖动溜板箱实现刀架的快速移动、冷却泵电动机拖动冷却泵输出冷却液及手动尾架的纵向移动和工件的夹紧与放松。

2. 电气控制要求

（1）主拖动三相鼠笼式异步电动机直接启动单向旋转，不需调速。

（2）刀架的快速移动电动机直接启动单向旋转，点动控制不需调速。

（3）冷却泵电动机直接启动单向旋转，与主轴电动机要实现顺序控制，即冷却泵电动机应在主轴电动机启动后才可选择启动与否；而当主轴电动机停止时，冷却泵电动机立即停止。

（4）电路应有必要的过载、短路、欠压、失压保护及安全可靠的照明电路和信号指示。

三、CA6140 车床电气控制线路分析

CA6140 卧式车床的电路图如图 4-5 所示。

1. 识读机床电路图的基本知识

（1）电气识图的基本要求。

（2）应具有电工、电子基本理论知识。

（3）会用电气图形符号和文字符号。

（4）熟悉各类电气典型基本电路。

（5）掌握各类电气图的绘制特点。

（6）了解电气图的有关标准和规程。

（7）从简单到复杂，循序渐进识图。

2. 识图的步骤

（1）仔细阅读图纸说明。

（2）识读概略图和框图。

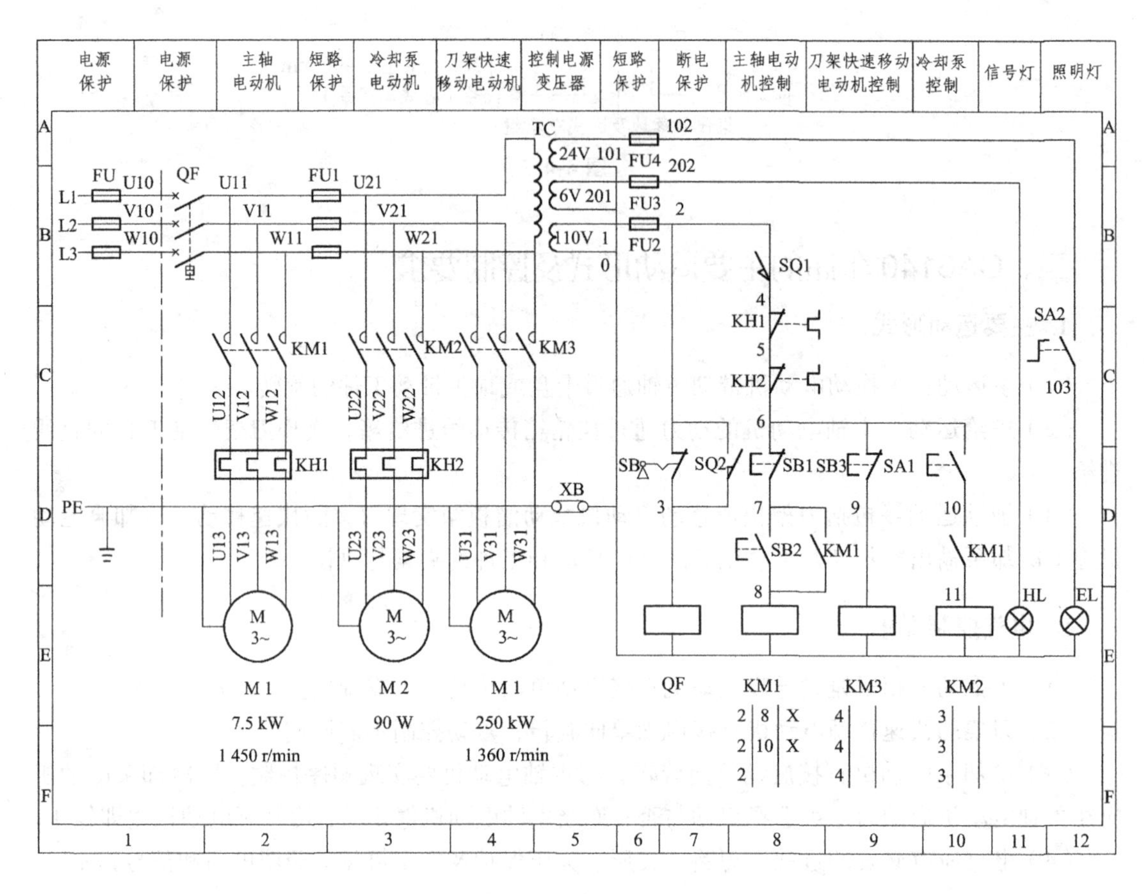

图 4-5　CA6140 卧式车床的电路图

（3）识读电气原理图。

（4）识读电气接线图和安装图。

3. 识读电气原理图基本方法

（1）先用电设备后控制元件。

（2）先主电路后控制电路。

（3）先化整为零后集零为整。

（4）先统观全局后注重细节。

4. 注意电路图的几个特殊区域

（1）位于电路图上部边框栏内用文字标注电路功能的功能分区。

（2）位于电路图下部边框栏内用阿拉伯数字编号标注电路回路或支路分区。

（3）位于每个接触器或继电器线圈下方的触头位置标记，示例如表 4-3 所示。

各区域所处的位置如图 4-6 所示。

表 4-3　接触器触头在电路图中位置的标记

<table>
<tr><td>栏目</td><td>左栏</td><td>中栏</td><td>右栏</td></tr>
<tr><td>触头类型</td><td>主触头所处的图区号</td><td>辅助常开触头所处的图区号</td><td>辅助常闭触头所处图区号</td></tr>
<tr><td>KM1
2 │ 8 │ ×
2 │ 10 │ ×
2 │</td><td>表示 3 对主触头均在图区 2 内</td><td>表示 1 对辅助常开触头在图区 8 内，另 1 对常开触头在图区 10 内</td><td>×
×
表示 2 对辅助常闭触头未用</td></tr>
</table>

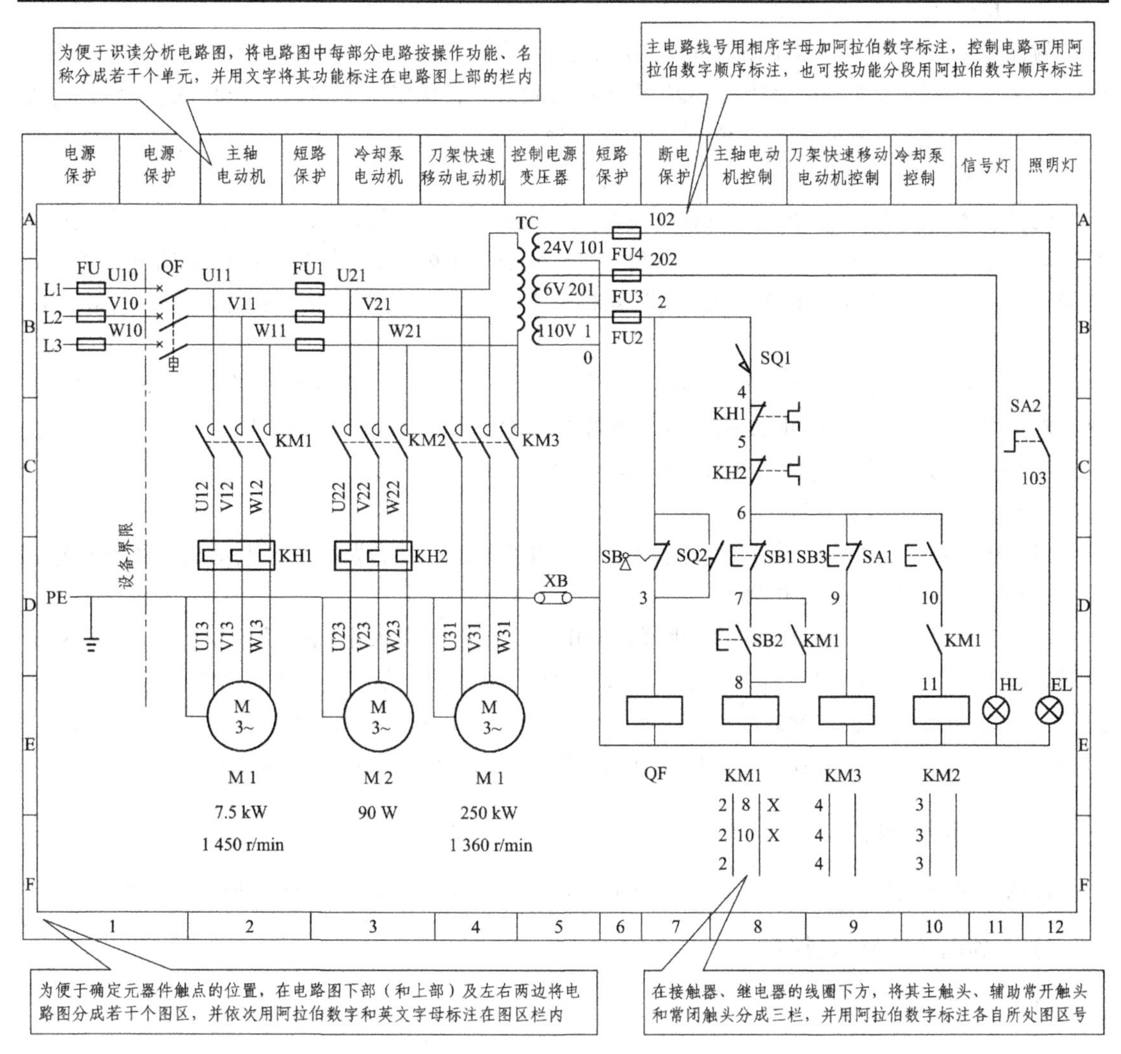

图 4-6　电气原理图功能、支路分区示意图

5. 主电路分析

（1）电源引入及安全保护。

合上配电箱壁龛门 ─┐

插入钥匙开关旋至接通位置，SB 常闭触头断开→合上 QF 引入三相电源

电路电源开关是带有开关锁 SQ2 的断路器 QF。当需合上电源时，先用开关钥匙插入 SB 开关锁中并右旋，使 QF 线圈断电，再扳动断路器 QF 将其合上，机床电源接通。若将开关锁 SB 左旋，则 SB 常闭触头闭合，QF 线圈通电，断路器跳开，切断机床电源进行安全保护。

（2）配电箱壁龛门开门断电保护。

正常工作状态下 SB 和 SQ2 处于断开状态，QF 线圈不通电。SQ2 装于配电箱壁龛门后，打开配电箱壁龛门时，SQ2 恢复闭合，QF 线圈得电，断路器 QF 自动断开，切断机床电源进行安全保护。

（3）皮带罩开启断电保护。

为保证人身安全，车床正常运行时必须将皮带罩合上，机床床头皮带罩处设有安全开关 SQ1，当打开皮带罩时，安全开关 SQ1 常开触头断开，将接触器 KM1、KM2、KM3 线圈电路切断，电动机将全部停止旋转，确保了人身安全。

（4）过载、短路保护。

电动机 M1、M2 由热继电器 KH1、KH2 实现电动机长期过载保护；断路器 QF 实现电路的过流、欠压保护；熔断器 FU1 作为 M2、M3 和 TC 初级的短路保护；控制回路的电源由控制变压器 TC 二次侧输出 110 V 电压提供，熔断器 FU2 ~ FU4 实现控制电路各部分的短路保护。

（5）带电检修措施。

为满足打开机床控制配电盘壁龛门进行带电检修的需要，可将 SQ2 安全开关传动杆拉出，使其常闭触头断开，此时 QF 线圈断电，电源开关 QF 仍可合上。带电检修完毕，关上壁龛门后，将 SQ2 开关传动杆复位，SQ2 保护作用恢复。

（6）电动机及其主电路。

M1 为主轴电动机，带动主轴旋转和刀架作进给运动；M2 为冷却泵电动机，用以输送切削液；M3 为刀架快速移动电动机。

将钥匙开关 SB 向右旋转，再扳动断路器 QF 将三相电源引入主轴电动机 M1 由接触器 KM1 控制，KH1 作过载保护，FU 作短路保护，KM1 作失压保护；冷却泵电动机 M2 由接触器 KM2 控制，KH2 作过载保护；M3 为刀架快速移动电动机，由接触器 KM3 控制，由于是点动控制的短时间工作，故未设过载保护，FU1 作为 M2、M3 和 TC 初级的短路保护。

6. 控制电路分析

控制电路通过控制变压器 TC 输出的 110 V 交流电压供电，由熔断器 FU2 作短路保护。

1）主轴电动机 M1 的控制

（1）M1 启动：

按下 SB2→KM1 线圈得
→ KM1 自锁触头（8 区）闭合
→ KM1 主触头（2 区）闭合→主轴电机 M1 启动运转
→ KM1 辅助常开触头（10 区）闭合，为 KM2 得电做准备

（2）M1 停止：

按下 SB1→KM1 线圈失电→KM1 触头复位断开→主轴电机 M1 失电停转

2）冷却泵电动机 M2 的控制

按下启动按钮 SB2→KM1 线圈得电动作→KM1 辅助触头闭合，为 KM2 线圈得电做准备→闭合旋钮开关 SA1→KM2 线圈得电→KM2 主触头闭合→冷却泵电动机 M2 转动

断开旋钮开关 SA1→KM2 线圈失电→KM2 主触头断开→冷却泵电动机 M2 停转

3）快速移动电动机 M3 的控制

按下启动按钮 SB3→KM3 线圈得电动作→KM3 主触头闭合→快速移动电动机 M3 转动

释放启动按钮 SB3→KM3 线圈断电释放→KM3 主触头断开→快速移动电动机 M3 停转

7. 照明及信号电路分析

控制变压器 TC 的二次侧输出的 24 V、6 V 电压分别作为车床照明、信号回路电源，FU4、FU3 分别为其各自的回路提供短路保护。EL 为车床的低压照明灯，由开关 SA2 控制；HL 为电源指示灯。

闭合 QF→TC 初级线圈得电
- →产生 6 V 交流电压，电源指示灯 HL 发光
- →产生 24 V 交流电压
  - →闭合 SA2→工作灯 EL 发光
  - →断开 SA2→工作灯 EL 熄灭

实训 4-1　CA6140 型车床电气控制线路的安装与调试

1. 工具、仪表、元器件及器材

（1）工具、仪表：电工常用工具、万用表及 500 V 兆欧表等。

（2）元器件如表 4-4 所示。

表 4-4　CA6140 车床的电气元件明细表

代号	名称	型号及规格	数量	备注
M1	主轴电动机	Y132M-4-B3，7.5 kW，1 450 r/min	1	主轴及进给传动
M2	冷却泵电动机	AOB-25，90 W，3 000 r/min	1	输送冷却液
M3	快速移动电动机	AOS5634，250 W，1 360 r/min	1	刀架快速移动
KH1	热继电器	JR16-20/2D，15.4 A	1	M1 的过载保护
KH2	热继电器	JR16-20/2D，0.32 A	1	M2 的过载保护

续表 4-4

代号	名称	型号及规格	数量	备注
FU4	熔断器	RL1-15，2 A	1	24 V 照明电路短路保护
FU1	熔断器	RL1-15，6 A	3	M2、M3 主电路短路保护
FU2	熔断器	RL1-15，2 A	1	110 V 控制电路短路保护
FU3	熔断器	RL1-15，1 A	1	6 V 指示灯电路短路保护
KM1	交流接触器	CJ20-20，线圈电压 110 V	1	控制 M1
KM2	交流接触器	CJ20-10，线圈电压 110 V	1	控制 M2
KM3	交流接触器	CJ20-10，线圈电压 110 V	1	控制 M3
SB	钥匙按钮	LAY3-01ZS/1	1	电源启动
SB1	按钮	LAY3-01ZS/1	1	停止 M1
SB2	按钮	LAY3-10/3.11	1	启动 M1
SB3	按钮	LA9	1	启动 M3
SA1	旋钮	LAY3-10X/2	1	控制 M2
SA2	旋钮	LAY3-10X/2	1	控制照明灯
SQ1，SQ2	位置开关	JWM6-11	2	断电保护
HL	信号灯	ZSD-0，6 V	1	电源指示
QF	断路器	AM2-40，20 A	1	电源引入
TC	控制变压器	BK-150，380 V/110 V/24 V/6 V	1	控制电路电源
EL	机床照明灯	JC11，24 V	1	机床照明

（3）器材：控制板、走线槽、导线、螺钉、编码套管等。

2. 控制线路的安装与调试

1）安装步骤及要求

（1）配备元器件。

① 按照表 4-4 配备元器件，核查元器件型号与规格，并检测元器件的性能。

② 根据电动机的容量、元件的安装型式、导线的走线方式及要求，选配导线规格、导线通道类型和数量、螺钉等。

（2）控制板布置。

在控制板上固定元器件和走线槽，在电器元件附近做好与电路图上相同代号的标记。元器件和走线槽的安装要求排列整齐、安装牢固、横平竖直且便于走线。

（3）配线接线。

在控制板上按控制设备的容量进行配线，按板前工艺要求走线，并在导线端部套编码套管后按接线图或电气原理图完成接线。采用塑料穿线槽的配线，特点是配线效率高，省工时；对电器元件在底板上的排列方式没有特殊要求；在维修过程中更换元器件时，对线路的完整性也无影响。但配线所用的导线数量要较多。

（4）进行控制板外的元件固定和布线。

① 选择合理的导线走向，准备好导线通道，可移动的导线通道应留适当的余量。导线的数量应按敷设方式和管路长度来决定，线管的管径应根据导线的总截面来决定，导线的总截面不应大于线管有效截面的 40%，线管的最小标称直径为 12 mm。

② 从控制箱引出导线的线头上要套装与电路图相同线号的编码套管。

③ 按规定在通道内要预留备用导线。

2）线路检查

（1）检查各元件安装是否牢固，线头与接线桩连接是否有脱落或松动，标号套管有无遗漏或书写不清或倒装等现象。

（2）根据电路图检查电路的接线的正确性。核对接线桩的接线标号是否与接线图完全一致，连接导线有无接错或漏接。

（3）检查热继电器的整定值和熔断器中熔体的规格是否符合要求。

（4）检查接地通道是否具有连续性。

（5）用兆欧表对电路进行测试，检查元器件及导线绝缘是否良好，有无相间或相线与底板之间短路现象。

（6）用兆欧表对电动机及电动机引线进行对地绝缘测试，检查有无对地短路现象。断开电动机三相绕组间的联结头，用兆欧表检查电动机引线相间绝缘，检查有无相间短路现象。

（7）检查电动机的安装是否牢固，电动机使用的电源电压和绕组的接法，必须与铭牌上规定的相一致。用手转动电动机转轴，观察电动机转动是否灵活，有无噪声及卡住现象，与生产机械传动装置的连接是否可靠。

（8）清理安装现场。

3）通电试车

（1）空载试车。

断开交流接触器接线端上的电动机引线，接通电源，逐一对电动机进行空载试车。按压启动按钮，观察交流接触器吸合是否正常，松开启动按钮后能否自保持住，然后用万用表交流 500 V 挡量程，测量交流接触器下接线端有无三相额定电压，是否缺相。如果电压正常，按停止按钮，观察交流接触器是否能断开。一切动作正常后，断开总电源，将交流接触器下接线端头与电动机引线复原。

（2）空转试车。

断电后接上不带负载电动机，接通电源，点动控制各电动机的启动，以检查各电动机的转向是否符合要求，有无异常声，认真观察各电器元件、线路、电动机的工作情况，如有异常立即断电检查处理，工作正常后再试车。

（3）通电试车。

调整、修复试车中出现的异常情况，完成与机械的全部连接，正式通电试车。认真观察各电器元件、线路、电动机及传动装置的工作是否正常。发现异常，应立即切断电源检查，待调整或修复后方可再次通电试车。

4）注意事项

（1）接线时，必须先接负载端，后接电源端；先接接地线，后接三相电源相线。

（2）电动机和线路的接地要符合要求。严禁采用金属软管作为接地通道。

（3）布置在控制箱外部的导线必须穿在导线通道或敷设在机床底座内的导线通道里，导线的中间不允许有接头。

（4）电动机及按钮的金属外壳必须可靠接地。接至电动机的导线，必须穿在导线通道内加以保护，通电校验时可临时采用四芯橡皮线或塑料护套线。

（5）安装完毕的控制线路板，必须经过认真自检和互检后，才允许通电试车，以防止错接、漏接，造成不能正常运转或短路事故。

（6）试车时，要先合上电源开关，后按启动按钮；停车时，要先按停止按钮，后断开电源开关。

（7）通电试车必须在教师的监护下进行，必须严格遵守安全操作规程。

实训 4-2　CA6140 车床电气控制线路的检修

1. 工业机械电气设备维修的一般要求

1）工业机械电气设备维修的一般要求

（1）采取正确的维修步骤的方法；

（2）不可损坏完好的电器元件；

（3）不可擅自改动线路，不可随意更换电器元件及连接导线；

（4）电气设备的各种保护性能必须满足使用要求；

（5）绝缘电阻合格，通电试车能满足电路的各种功能，控制环节的动作程序符合要求；

（6）修复后的电器元件必须满足其检修质量标准要求。

2）电器元件的质量检修标准

（1）外观整洁，无破损和炭化现象；

（2）所有的触头均应完整、光洁、接触良好；

（3）压力弹簧和反作用力弹簧应具有足够的弹力；

（4）操纵、复位机构都必须灵活可靠；

（5）各种衔铁运动灵活、无卡阻现象；

（6）灭弧罩完整、清洁、安装牢固；

（7）整定数值大小应符合电路使用要求；

（8）指示装置能正常发出信号。

2. 工业机械电气设备维修的一般方法

工业机械电气设备在生产过程中产生故障，设备不能正常运行，轻则会造成产品报废，影响生产效率，重则会使设备等损坏，甚至危及人身安全。因此，电气设备发生故障后，维修人员必须及时、准确、迅速、安全地查出并排除故障。

对设备进行维修保养是保证设备运行安全，最大限度地发挥设备的有效使用功能的唯一手段。因此，对设备设施要进行有效的维修与保养，做到以预防为主，坚持日常保养与科学计划维修相结合以提高设备的良好工况。设备维护保养一般包括日常维护、定期维护、定期检查设备的三级保养制，维护保养的内容可根据具体设备制定细则。对电气设备进行日常的维护和保养，发现非正常因素并及时修复或更换，将事故控制在萌芽状态，防患于未然，使电气设备少出甚至不出故障，以保证设备的正常运行。

1）电气设备的维护保养

电气设备的维修包括日常维护保养和故障检修两部分，以下是某生产机械电气设备的三级保养项目及要求。

（1）机床电气设备日常维护保养的内容及要求：

每周末 1 h，由操作者执行，检修人员检查。

① 保持电器柜和外部配线的清洁，察看导线保护套管是否有油浸腐蚀现象，防止水滴、油污或金属屑等杂物进入电器柜内。

② 熔断器的熔丝不得随意更换，检查各种保护装置是否完好。

③ 清理开关、按钮等操作器件上的灰尘，擦净油污，紧固已松动的螺栓，检查有无卡涩。

④ 试验门开关能否起保护作用。

⑤ 检查电气柜及导线通道的散热情况是否良好。

（2）机床电气设备一级保养的内容和要求：

每月或每季一次，时间 8 h，由操作者与检修人员共同完成，检查设备电气各部分是否达到要求。

① 电气柜柜门、盖、锁及门框周边的耐油密封垫均应良好，电气柜内外清洁，无灰尘、水滴、油污和金属屑等进入电气柜内，柜门无破损。

② 检查信号指示信号灯及照明装置是否保持清洁完好。

③ 各限位开关、安全防护装置，齐全可靠。

④ 蛇皮管无脱落、断裂、油垢，防水弯头齐全。

⑤ 检查接触器、继电器触头接触面有无烧蚀、毛刺或穴坑，电磁线圈是否过热，各种弹簧弹力是否恰当、灭弧装置是否完好等，修复或更换即将损坏的电气元件。

⑥ 紧固接线端子和电器元件上的压线螺钉，使所有压接线头牢固可靠。

⑦ 检查电气设备和生产机械上所有裸露导体件是否与保护接地专用端子相接，是否达到保护电路连续性要求。

⑧ 通电试车，确保电气设备运行正常。

（3）机床电气设备二级保养设备和要求：

每半年一次，时间 24～32 h，由检修人员执行，操作者配合，检查电器各部分是否达到要求。

① 对机床电器进行一级保养的各项维护保养工作。

② 电器元件紧固好用，线路整齐，线号清晰齐全。

③ 检修动作频繁且电流较大的接触器、继电器触头。

④ 检修有明显噪声的接触器、继电器。

⑤ 校验热继电器的动作及整定值是否符合要求。

⑥ 校验时间继电器的延时时间。

2）电气故障检修的一般步骤

首先检修设备时，为防止操作人员不明情况而启动或操作机床，应采取正确的安全措施，如在床身上悬挂“正在检修，禁止操作”、设置检修区域等，排除故障时，应有两人以上在场，互相监管，防止事故发生。

了解车床的各种工作状态及操作方法，参照电器位置图和机床接线图，熟悉车床元件的分布位置和走线情况，当需要进行带电检修时，解除开门断电保护，完成检修注意恢复保护功能。电气故障检修的一般步骤如下：

（1）观察和调查故障现象。

当电气设备发生故障后，切忌盲目动手检修。电气故障现象是多种多样的，同一类故障可能有不同的故障现象，不同类故障可能有同种故障现象，这种故障现象的同一性和多样性，给查找故障带来复杂性。但是，故障现象是检修电气故障的基本依据，是电气故障检修的起点，因而要通过问、看、听、摸、闻等手段来对故障现象进行仔细观察、分析，找出故障现象中最主要的、最典型的方面，搞清故障发生的时间、地点、环境等。

通过初步检查，确认不会使故障进一步扩大和造成人身、设备事故后，可进一步试车检查，试车中要注意有无严重跳火、异常气味、异常声音等现象，一经发现应立即停车，切断电源。注意检查电器的温升及电器的动作程序是否符合电气设备原理图的要求，从而发现故障部位。

（2）分析故障原因——初步确定故障范围、缩小故障部位。

根据故障现象分析故障原因是电气故障检修的关键。对电气设备的构造、原理、性能的充分理解后，运用电工电子基本理论，与故障现象结合，就能初步确定故障范围、缩小故障部位。某一电气故障产生的原因可能很多，重要的是在众多原因中找出最主要的原因。

（3）确定故障的具体部位——判断故障点。

确定故障部位是电气故障检修的最终归纳和结果。确定故障部位可理解为确定设备的故障点，如短路点、损坏的元器件等，也可理解为确定某些运行参数的变异，如电压波动、三相不平衡等。确定故障部位是在对故障现象进行周密的考察和细致分析的基础上进行的。对简单线路，可采取每个电器元件、每根连接导线逐一检查的方法找到故障点。对复杂线路，应根据电气设备的工作原理和故障范围，采用多种检查手段和方法，按检修思路逐点检查，直到找出故障点。

（4）排除故障。

针对不同故障情况和部位应使用正确的方法予以排除。需更换元件的应尽量使用相同规格、型号的新元件，并进行检测确认性能完好后方可替换。在排除故障的过程中，还应注意避免损坏周围的元件、导线等，以防扩大故障。

（5）校验与试车。

在故障排除后还要进行校验，并通电试车，检查生产机械的各项功能是否符合技术要求。

3）电气故障检查方法

（1）直观法。

直观法是根据电器故障的外部表现，通过问、看、听、摸、闻等手段，检查、判定故障的方法，适用于各种硬故障的排除。

① 问：向现场操作人员了解故障发生前后的情况。如故障发生前是否过载、频繁启动和停止；故障发生时是否有异常声音和振动、有没有冒烟、冒火等现象。

② 看：仔细察看各种电器元件的外观变化情况。如看触点是否烧融、氧化，熔断器熔体熔断指示器是否跳出，导线和线圈是否烧焦，热继电器是否脱扣，热继电器整定值是否合适，瞬时动作整定电流是否符合要求等。

③ 听：主要听有关电器在故障发生前后声音有否差异。如听电动机启动时是否只有“嗡嗡”响声而不转动，接触器线圈得电后是否噪声很大等。

④ 摸：故障发生后，断开电源，用手触摸或轻轻推拉导线及电器的某些部位，以察觉异常变化。如摸电动机、自耦变压器和电磁线圈表面，感觉温度是否过高；轻拉导线，看连接是否松动；轻推电器活动机构，看动作是否灵活等。

⑤ 闻：故障出现后，断开电源，将鼻子靠近电动机、自耦变压器、继电器、接触器、绝缘导线等处，闻闻是否有焦味。如有焦味，则表明电器绝缘层已被烧坏，主要原因则是过载、短路或三相电流严重不平衡等造成。

（2）测量电压法。

测量电压法是根据测量各点的电压值与电流值，与正常值比较来判断故障的方法。具体可分为分阶测量法、分段测量法和点测法。

（3）测量电阻法。

可分为分阶测量法和分段测量法。这两种方法适用于开关、电器分布距离较大的电气设备。用测量电阻法在故障测量时，对于同一个线号至少有两个相关接线连接点，应根据电路逐一测量，判断是属于连接点处故障还是同一线号两连接点之间的导线故障。

（4）对比、置换元件、逐步开路（或接入）法。

① 对比法。

把检测数据与图纸资料及平时记录的正常参数相比较来判定故障。对无资料又无平时记录的电器，可与同型号的完好电器相比较。电路中的电器元件属于同样控制性质或多个元件共同控制同一设备时，可以利用其他相似的或同一电源的元件动作情况来判定故障。

② 置换元件法。

某些电路的故障原因不易确定或检查时间过长时，但是为了保证电气设备的利用率，可置换同一性能良好的元器件实验，以证实故障是否由此电器引起。运用置换元件法检查时应注重，当把原电器拆下后，要认真检查是否已经损坏，只有肯定是由于该电器本身因素造成损坏时，才能换上新电器，以免新换元件再次损坏。

③ 逐步开路法。

多支路并联且控制较复杂的电路短路或接地时，一般有明显的外部表现，如冒烟、有火花等。电动机内部或带有护罩的电路短路、接地时，除熔断器熔断外，不易发现其他外部现象，这种情况可采用逐步开路法检查。碰到难以检查的短路或接地故障，可重新更换熔体，把多支路并联电路，一路一路逐步或重点地从电路中断开，然后通电试验，若熔断器不再熔断，故障就在刚刚断开的这条电路上。然后再将这条支路分成几段，逐段地接入电路。当接入某段电路时熔断器又熔断，故障就在这段电路及某电器元件上。这种方法简单，但容易把损坏不严重的电器元件彻底烧毁。

④ 逐步接入法。

电路出现短路或接地故障时，换上新熔断器逐步或重点地将各支路一条一条的接入电源，重新试验。当接到某段时熔断器又熔断，故障就在刚刚接入的这条电路及其所包含的电器元件上。

（5）强迫闭合法。

在排除电器故障时，经过直观检查后没有找到故障点而手上也没有适当的仪表进行测量时，可用一根绝缘棒将有关继电器、接触器、电磁铁等用外力强行按下，使其常开触点闭合，然后观察电器部分或机械部分出现的各种现象，如电动机从不转到转动，设备相应的部分从不动到正常运行等。

（6）短接法。

设备电路或电器的故障大致归纳为短路、过载、断路、接地、接线错误、电器的电磁及机械部分故障等六类。诸类故障中出现较多的为断路故障。它包括导线断路、虚连、松动、触点接触不良、虚焊、假焊、熔断器熔断等。对这类故障除用电阻法、电压法检查外，还有一种更为简单可行的方法，就是短接法。方法是用一根良好绝缘的导线，将所怀疑的断路部位短路接起来，如短接到某处，电路工作恢复正常，说明该处断路。具体操作可分为局部短接法和长短接法。

以上几种检查方法，要灵活运用，遵守安全操作规章。对于连续烧坏的元器件应查明原因后再进行更换；电压测量时应考虑到导线的压降；不违反设备电器控制的原则，试车时手不得离开电源开关，并且熔断器应使用等量或略小于额定电流的熔芯；注重测量仪器的挡位的选择。

3. CA6140 车床电气线路常见故障检修技巧

（1）熟悉电路原理，确定检修方案。

当一台设备的电气系统发生故障时，不要急于动手拆卸，首先要了解该电气设备产生故障的现象、过程、范围、原因。熟悉该设备及电气系统的基本工作原理，分析各个具体电路，弄清电路中各级之间的相互关系以及信号在电路中的来龙去脉，结合实际经验，经过周密思考，确定一个科学的检修方案。

（2）先机损，后电路。

电气设备都以电气、机械为基础，特别是机电一体化的先进设备，机械和电气在功能上有机配合，是一个整体的两个部分。往往机械部件出现故障，影响电气系统，许多电气部件的功能就不起作用。因此不要被表面现象迷惑，电气系统出现故障并不全部都是电气系统本身问题，有可能是机械部件发生故障所造成的。因此先检修机械系统所产生的故障，再排除电气部分的故障，往往会收到事半功倍的效果。

（3）先简单，后复杂。

检修故障要先用最简单易行、自己最拿手的方法去处理，再用复杂、精确的方法。排除故障时，先排除直观、显而易见、简单常见的故障，后排除难度较高、没有处理过的疑难故障。

（4）先检修通病、后功疑难杂症。

电气设备经常容易产生相同类型的故障就是“通病”。由于通病比较常见，积累的经验较丰富，因此可快速排除. 这样就可以集中精力和时间排除比较少见、难度高、古怪的疑难杂症，简化步骤，缩小范围，提高检修速度。

（5）先外部调试，后内部处理。

外部是指暴露在电气设备外密封件外部的各种开关、按钮、插口及指示灯。内部是指在电气设备外壳或密封件内的印制电路板、元器件及各种连接导线。先外部调试，后内部处理，就是在不拆卸电气设备的情况下，利用电气设备面板上的开关、旋钮、按钮等调试检查，缩小故障范围。首先排除外部部件引起的故障，再检修机内的故障，尽量避免不必要的拆卸。

（6）先不通电测量，后通电测试。

首先在不通电的情况下，对电气设备进行检修；然后再在通电情况下，对电气设备进行检修。对许多发生故障的电气设备检修时，不能立即通电，否则会人为扩大故障范围，烧毁更多的元器件，造成不应有的损失。因此，在故障机通电前，先进行电阻测量，采取必要的措施后，方能通电检修。

（7）先公用电路、后专用电路。

任何电气系统的公用电路出故障，就无法把能量、信号等传送、分配到各具体专用电路，专用电路将不能工作。如一个电气设备的电源出故障，整个系统就无法正常运转。因此遵循先公用电路、后专用电路的顺序，才能快速、准确地排除电气设备的故障。

（8）总结经验、提高效率。

电气设备出现的故障五花八门、千奇百怪。任何一台有故障的电气设备检修完，应该把故障现象、原因、检修经过、技巧、心得归纳记录在专用笔记本上，并学习掌握各种新型电气设备的机电理论知识、熟悉其工作原理、积累维修经验，将自己的经验上升为理论。在理论指导下，具体故障具体分析，才能准确、迅速地排除故障。

4. CA6140 车床电气线路典型故障检修示例

1）主轴电动机 M1 不能启动

（1）主电路故障。

按 SB2 后，接触器 KM1 吸合，但主轴电动机不能启动，故障原因必定在主线路中。主回路故障时，为避免因缺相在检修试车过程中造成电动机损坏的事故，应立即切断电源，先用电阻测量法一一排查，不可贸然通电测量排除故障，以免电动机因缺相而烧毁。也可在断开电动机的前提下通电，用电压测量法，结合断电情况下电阻测量法排除故障，按如图 4-7 所示流程检修。

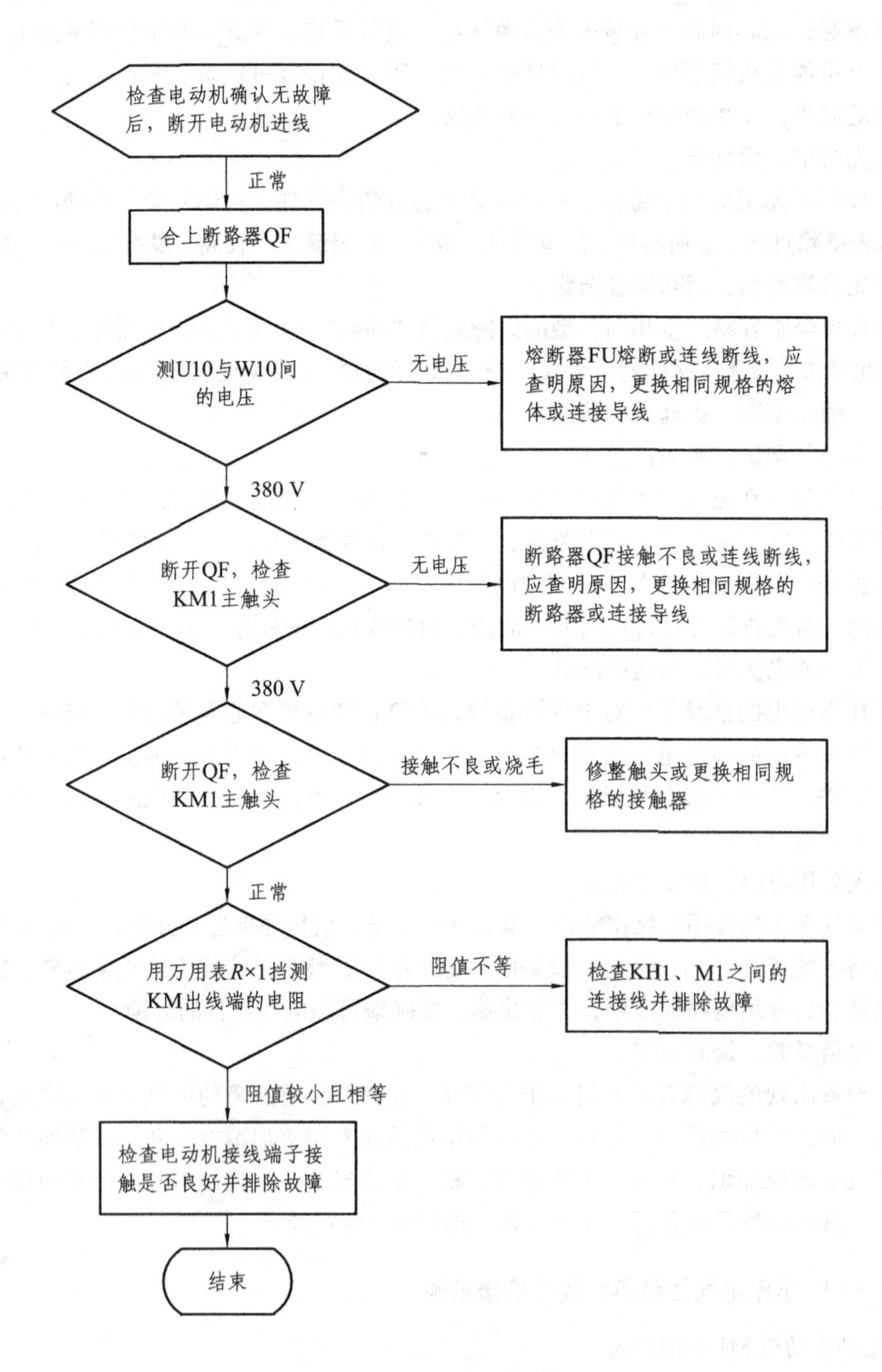

图 4-7　主电路故障检修流程图

（2）控制电路故障。

按启动按钮 SB2，若接触器 KM1 不动作，故障必定在控制电路，就会导致 KM_1 不能通电动作，可按如图 4-8 所示流程检修。

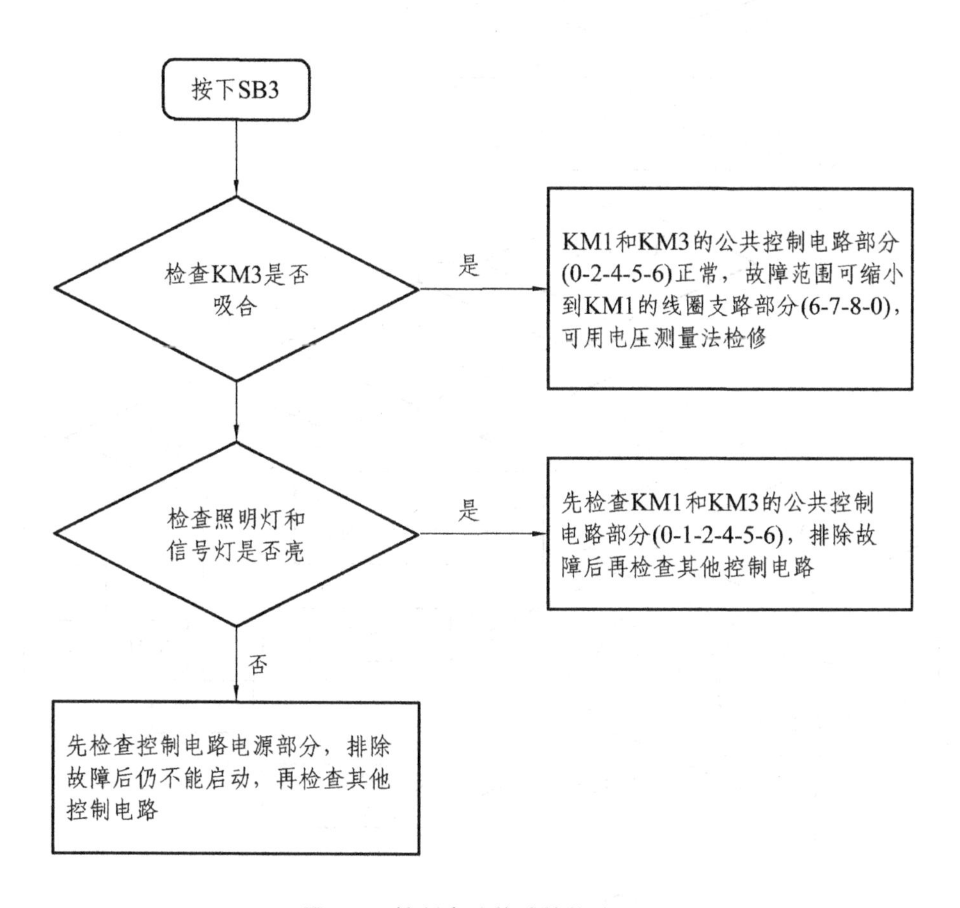

图 4-8　控制电路故障检修流程图

2）电压测量法检修电路故障的流程

用电压测量法检修多用于控制电路的检修，按启动按钮 SB2，接触器 KM1 若不动作，电路故障检修流程如图 4-9 所示。

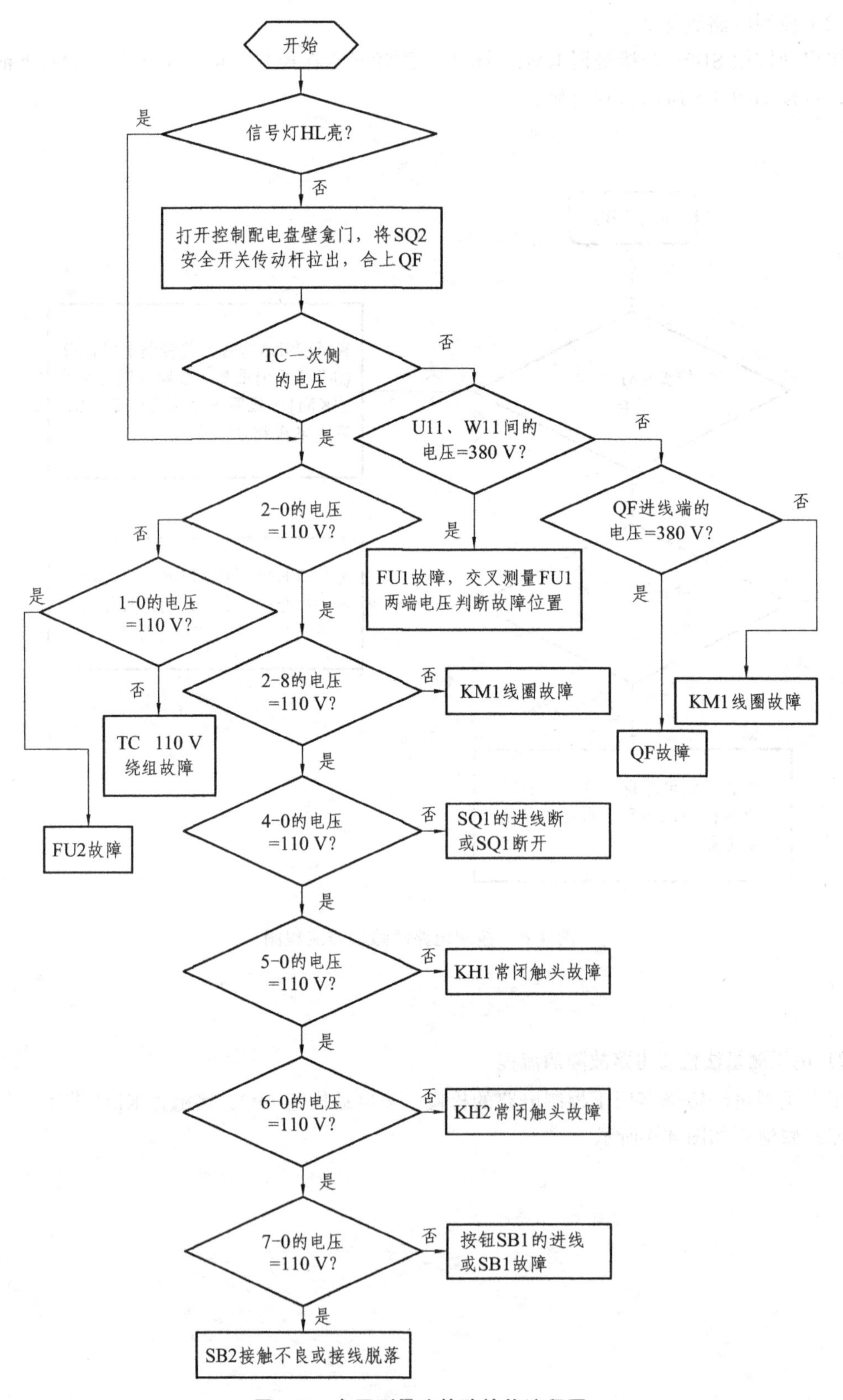

图 4-9 电压测量法故障检修流程图

3）CA6140 车床其他电气故障的检修（见表 4-5）

表 4-5

故障现象	故障原因	故障分析及排除
主轴电动机不能停转	① KM1 的铁心端面上的油污使铁心粘牢不能释放；② KM1 的主触点发生熔焊；③ 停止按钮 SB1 的常闭触点短路或线路中 6、7 两点连接导线短路	断开 QF，若 KM1 释放，则说明故障为③；若 KM1 过一段时间释放，则故障为①；若 KM1 不释放，则故障为②，根据情况采取清洁铁心端面的污垢或更换触点等措施即可排除故障
主轴电动机运转不能自锁	当按下按钮 SB2 时，电动机能运转，但松开按钮后电动机即停转，是由于接触器 KM1 的辅助常开触头接触不良或位置偏移、卡阻现象或连接导线松脱引起的故障	合上 QF，测量 KM1 自锁触头（7-8）两端的电压，若电压正常，故障是自锁触头基础不良，若无电压，故障是连线（7-8）断线或松脱，只要将接触器 KM1 的辅助常开触点进行修整或更换或将脱落线接好即可排除故障
主轴电动机运行中停车	热继电器 KH1 动作，原因可能是① 电源电压不平衡或过低；② 整定电流偏小；③ 负载过重，连接导线接触不良等	确认 KH1 动作原因，采取相应措施排除故障后使其复位
刀架快速移动电动机不能运转	按点动按钮 SB3，接触器 KM3 未吸合	故障必然在控制线路中，可检查点动按钮 SB3，接触器 KM3 的线圈是否断路排除故障
照明灯 EL 不亮	① 灯泡损坏；② FU4 熔断；③ SA2 触头接触不良；④ TC 二次绕组断线或接头松脱；⑤ 灯泡和灯头的接触不良等	根据具体情况采取相应措施修复

参考文献

[1] 王建.电气控制线路安装与维修[M].北京：中国劳动社会保障出版社，2006.
[2] 赵承荻，张琳.电气控制线路安装与维修——理实一体化教学[M].北京：高等教育出版社，2008.